INDÚSTRIA 4.0

Blucher

INDÚSTRIA 4.0: CONCEITOS E FUNDAMENTOS

ORGANIZADORES

José Benedito Sacomano
Rodrigo Franco Gonçalves
Márcia Terra da Silva
Silvia Helena Bonilla
Walter Cardoso Sátyro

AUTORES

Alessandro Wendel Borges de Lima
Ataíde Pereira Cardoso Jr.
Benedito Cristiano Petroni
Celso Affonso Couto
Edson Pereira da Silva
Elisângela Mônaco de Moraes
Enio Antonio Ferigatto
Irapuan Glória Júnior
José Carlos Jacintho
Jacqueline Zonichenn Reis
Oduvaldo Vendrametto

Indústria 4.0: conceitos e fundamentos

Editora Edgard Blücher Ltda.

1ª reimpressão - 2019

Imagens da capa: iStockphoto

Blucher

Rua Pedroso Alvarenga, 1245, 4° andar
04531-934 – São Paulo – SP – Brasil
Tel.: 55 11 3078-5366
contato@blucher.com.br
www.blucher.com.br

Segundo o Novo Acordo Ortográfico, conforme 5. ed. do *Vocabulário Ortográfico da Língua Portuguesa*, Academia Brasileira de Letras, março de 2009.

Dados Internacionais de Catalogação na Publicação (CIP)
Angélica Ilacqua CRB-8/7057

Indústria 4.0 : conceitos e fundamentos / organizado por José Benedito Sacomano... [et al.]; Alessandro Wendel Borges de Lima... [et al.]. - São Paulo : Blucher, 2018.
182 p. : il.

Bibliografia
ISBN 978-85-212-1370-3 (impresso)
ISBN 978-85-212-1371-0 (e-book)

1. Indústria 4.0 2. Revolução industrial 3. Inovações tecnológicas 4. Automação industrial 5. Internet das coisas 6. Tecnologia da informação I. Sacomano, José Benedito II. Lima, Alessandro Wendel Borges de

18-1772 CDD 338.09

Índice para catálogo sistemático:
1. Engenharia de Produção: Pesquisa operacional

SOBRE OS ORGANIZADORES

José Benedito Sacomano

Possui graduação em Engenharia Civil (1968), mestrado (1983) e doutorado (1990) em Engenharia Mecânica pela Universidade de São Paulo (USP). Atualmente é professor titular da Universidade Paulista (Unip) e orientador de mestrado e doutorado. Tem experiência na área de engenharia de produção, com ênfase em planejamento, projeto e controle de sistemas de produção. É fundador e pesquisador do Laboratório da Indústria 4.0 (Lab. 4.0) do Núcleo de Inovação Tecnológica da Unip.

Rodrigo Franco Gonçalves

Possui graduação em Física pela Universidade de São Paulo (USP - 1999), mestrado em Engenharia de Produção pela Universidade Paulista (Unip - 2004) e doutorado em Engenharia de Produção pela USP (2010). É professor universitário e consultor nas áreas de tecnologia da informação, análise de negócio, engenharia de *software* e mídias interativas, engenharia econômica e finanças e empreendedorismo de inovação tecnológica. É professor titular do Programa de Pós-Graduação *Stricto Sensu* em Engenharia de Produção da Unip, ex-professor da Escola Politécnica da USP (EPUSP) e professor de cursos de MBA e especialização da USP e da Fundação Vanzolini.

Há quinze anos, desenvolve projetos de tecnologia da informação e análise de negócios. Foi bolsista de pesquisa e inovação em programas da Fundação de Amparo à Pesquisa do Estado de São Paulo (Fapesp) e do Conselho Nacional de Desenvolvimento Científico e Tecnológico (CNPq) e coordenou projeto de inovação no programa PIPE-Fapesp. Desenvolveu atividades de *mentoring* e treinamento especializado em engenharia de *software* e análise de negócio para empresas como Banco Bradesco,

Banco Itaú, Ford Motors do Brasil, Roche Farmacêutica, Liberty Seguros, Rede Globo e Honda do Brasil. Atualmente, desenvolve pesquisas voltadas para a Indústria 4.0, Smart Cities e Fintechs, com base em IoT e Blockchain.

Márcia Terra da Silva

Possui graduação em Engenharia de Produção pela Universidade de São Paulo (USP - 1977), mestrado em Administração de Empresas pela Fundação Getulio Vargas (FGV - 1985) e doutorado em Engenharia de Produção pela USP (1995). É livre-docente pela USP e participa do grupo de pesquisa Trabalho, Tecnologia e Organização (TTO) da Escola Politécnica da USP (EPUSP). Em 2014, aposentou-se da USP e ingressou no Programa de Pós-Graduação em Engenharia de Produção da Universidade Paulista (Unip), onde atua como professora titular. Tem experiência na área de engenharia de produção, com ênfase em organização do trabalho, atuando principalmente na área de gestão de serviços e servitização das manufaturas. Recentemente, iniciou a pesquisa da Indústria 4.0, focando a organização do trabalho demandada pelo avanço tecnológico e o processo de servitização incentivado pela conectividade entre empresas.

Silvia Helena Bonilla

Possui graduação em Química (1988) e em Química Farmacêutica (1992) pela Facultad de Química da Universidad de La República Uruguay e doutorado em Ciências pela Universidade de São Paulo (USP - 2001). Atualmente, é professora titular da Universidade Paulista (Unip). Atua na área de produção e meio ambiente, principalmente nos seguintes temas: produção mais limpa e ecologia industrial, desenvolvimento de novas tecnologias mais limpas e indicadores ambientais. Sua experiência inicial na área de fisico-química, especificamente em células a combustível e a fabricação de eletrocatalisadores para uso em células de metanol direto, tem facilitado a criação de uma interface com o tema de produção mais limpa. Sua formação permitiu que atuasse no estudo do comportamento de eletrodos sólidos, metais e semicondutores

Walter Cardoso Sátyro

É pós-doutorando em Engenharia de Produção na Escola Politécnica da Universidade de São Paulo (EPUSP). Possui graduação em Engenharia Mecânica pela Universidade Federal do Rio de Janeiro (UFRJ - 1980). Possui MBA em Gestão Estratégica de Negócios pelo Instituto Brasileiro de Tecnologia Avançada (IBTA - 2012), mestrado em Administração com ênfase Estratégia e seus Formatos Organizacionais (2014) e doutorado em Engenharia de Produção com ênfase em Gestão de Sistemas de Operação (2017), ambos pela Universidade Paulista (Unip). Tem experiência nas áreas de engenharia, marketing, administração e comércio exterior.

CONTEÚDO

APRESENTAÇÃO
A INDÚSTRIA 4.0 NO BRASIL

A participação da indústria brasileira no produto interno bruto (PIB) passou de 34%, na década de 1980, para 11%, em 2015, e uma projeção da Fiesp para 2029 é de apenas 9%. A perda de participação da indústria na economia também se refletiu nos empregos formais gerados por ela. Essa redução, devida à desindustrialização, aconteceu precocemente no Brasil antes que a população brasileira atingisse uma renda *per capita* equivalente à de países desenvolvidos.

O Brasil acabou se especializando em *commodities* com produtos de baixo valor agregado. Nesse sentido, em razão de suas dimensões continentais, o nosso país não deveria ter como estratégia de desenvolvimento econômico apenas fornecer matérias-primas e produtos agrícolas, pois mais de 50% das receitas do comércio internacional advêm de produtos manufaturados. A indústria é a principal fonte de inovação e tem papel decisivo no desenvolvimento socioeconômico dos países.

Um setor industrial fraco leva ao crescimento da informalidade e à queda da produtividade. Com uma economia informal, é difícil que serviços de alta produtividade, que exigem profissionais altamente qualificados, sejam o motor do desenvolvimento econômico. O que acaba sendo um moto-contínuo.

A tecnologia e a inovação devem ocupar lugar de destaque nas estratégias de investimentos. O Brasil não pode ficar de fora da revolução das novas formas de produção, a chamada manufatura avançada ou Quarta Revolução Industrial, pois ela é a chave para o país retomar o crescimento da produtividade e voltar a crescer. Assim, a indústria brasileira entraria no trilho da competitividade para se inserir nos elos mais importantes das cadeias globais de valor.

Na indústria do futuro, as máquinas, com a sua comunicação, integração e conectadas entre si com sofisticados *softwares* e sensores, irão difundir as tecnologias da manufatura avançada para os demais setores da economia. A indústria, devido à sua maior exposição com a concorrência internacional, com produtos de alta tecnologia tende a se atualizar mais intensamente para atender às necessidades impostas por essa nova tendência.

As tecnologias digitais, como IoT, *big data*, *analytics*, *cloud computing*, robótica avançada e colaborativa, novos materiais (como fibras de carbono e grafeno), manufatura aditiva e híbrida, realidade aumentada e realidade virtual, o ciberespaço, sensores em rede, entre outras, combinadas com a automação industrial, conectando mundo real e virtual, proporcionam a melhoria da produtividade pela otimização de processos e novos modelos de negócios.

Além dos investimentos pelas indústrias, a utilização de enorme quantidade de dados exigirá pesados investimentos em infraestrutura como em banda larga e em redes de fibra ótica em todo o país, para permitir velocidade na transmissão de dados e ampla conectividade, inclusive no campo, onde o problema se faz sentir com maior intensidade, de forma a incluir o Brasil nos avanços das plataformas globais em nuvem.

O investimento de recursos públicos em pesquisa e desenvolvimento aliado ao incentivo do setor privado em suas próprias pesquisas por meio de ecossistemas colaborativos de inovação que conectem pessoas, recursos, políticas e organizações ganham vantagem na migração para a produção e para o uso de itens de maior valor agregado. É a integração entre governo, universidades e centros de pesquisas e investidores privados que constrói e sustenta esses ecossistemas, beneficiando significativamente a indústria.

O Brasil precisa estar preparado para esse novo paradigma da produção, que está mudando radicalmente o mapa global da competição. Iniciativas da Associação Brasileira de Máquinas e Equipamentos (Abimaq), como a criação de um demonstrador de uma linha conceito da manufatura avançada, apresentado na Feira Internacional de Máquinas e Equipamentos (Feimec), de 2016 e 2018, e na Feira Internacional de Máquinas-Ferramenta e Automação Industrial, de 2017, visam demonstrar na prática as principais dimensões da Indústria 4.0. Essas iniciativas revelaram que o Brasil pode aproveitar essa oportunidade para fortalecer a sua indústria, desenvolvendo competências para integrar tecnologias da Indústria 4.0. Dessa forma, a iniciativa da elaboração deste livro vem na direção de auxiliar as empresas a se aprofundarem nos conceitos e fundamentos necessários para que as empresas possam identificar oportunidades em tecnologia e inovação com foco na Indústria 4.0.

Anita Dedding

Gerente divisional de tecnologia da Abimaq e secretária executiva do Instituto de Pesquisa e Desenvolvimento Tecnológico da Indústria de Máquinas e Equipamentos (IPDMAQ)

PREFÁCIO

A chegada do ano 2001 foi cercada de muitas expectativas por representar a entrada em um novo milênio, uma nova era, a do século XXI.

Não faltaram livros, filmes, documentários, e até desenhos animados retratando as pessoas no ano 2001 andando em veículos voadores, prédios suspensos no ar, empregadas domésticas robôs, elevadores em forma de tubos transparentes, esteiras rolantes dentro dos lares, equipamentos portáteis que tratavam os cabelos sem que fosse preciso ir ao salão de beleza ou ao cabeleireiro, refeições deliciosas preparadas a partir de pós ou pílulas, e outras invenções fantásticas.

Em 2001, a realidade foi bem diferente. Aparentemente, tudo aquilo que foi previsto não se realizou, porém, com o empenho da academia, da indústria, de cientistas, de pesquisadores, e de pessoas dedicadas a pesquisa, desenvolvimento e inovação, algumas vezes apoiados por agências de fomento, instituições financeiras e outros, foi possível desenvolver a tecnologia, barateando os custos dos equipamentos, que com o passar do tempo se tornaram cada vez mais potentes, possibilitando que algumas expectativas de inovações começassem a se tornar cada vez mais próximas de nossos dias.

Na manufatura, o resultado dessas pesquisas já se faz notar, e o sonho de poder controlar remotamente as operações de uma indústria já começa a se tornar realidade. Chama-se a isso de Indústria 4.0.

Vários eventos têm sido organizados para apresentar o que é a Indústria 4.0, contudo, o que temos visto são pessoas saindo desses eventos frustradas por não entender direito o que realmente é isso, tamanha a carga de termos novos que são utilizados para sua explicação.

Se você já passou por uma situação parecida ou quer saber mais sobre Indústria 4.0, este livro é para você!

Os autores, professores, doutorandos e mestrandos, fazem parte do Laboratório de Inovação e Pesquisa em Gestão de Sistemas de Operações da Indústria 4.0 (Lab. 4.0), do curso de pós-graduação em Engenharia de Produção da Universidade Paulista (Unip), que pesquisam o tema, além de terem absorvido o conhecimento prático de vários *experts* em Indústria 4.0.

A seguir, destacamos as autoridades em Indústria 4.0, pelo empenho e brilhantismo com que compartilharam suas experiências e conhecimento com os participantes do Lab. 4.0 da Unip:

Profa. M.Sc. Anita Dedding, gerente divisional da Associação Brasileira da Indústria de Máquinas e Equipamentos (Abimaq) e secretária executiva do Instituto de Pesquisa e Desenvolvimento Tecnológico da Indústria de Máquinas e Equipamentos (Ipdmaq) e Denis Maurício da Abimaq; Prof. Dr. Eduardo de Senzi Zancul e M.Sc. Luiz Durão, do Departamento de Engenharia de Produção da Escola Politécnica da Universidade de São Paulo (EPUSP); Eng. Eric Ishiki da KUKA Roboter do Brasil Ltda.; Eng. Ewerton Garcia da Silva da Festo Brasil Ltda.; Eng. Rogério Dias Silva, da SKA; Enga. Sílvia Takey da DEV Tecnologia; Eng. Diego Mariano de Oliveira, da BirminD Automação e Serviços Ltda.; e Danilo B. Lapastini da HEXAGON Manufacturing Intelligence. A eles expressamos os nossos mais sinceros agradecimentos, e saibam que os consideramos verdadeiros coautores desta obra.

O objetivo desta obra é desmistificar o entendimento sobre a tão falada 4ª Revolução Industrial, abordando-a sob vários aspectos para que, ao final do livro, você possa ter uma ideia clara sobre o assunto, de forma a poder criar um juízo de valor sobre Indústria 4.0.

Os capítulos foram escritos de forma que se possa ler o livro respeitando a sequência de capítulos, ou por assunto de interesse. De forma simples, o tema é exposto para que a leitura, além de instrutiva, possa ser a mais agradável possível.

Procuramos trazer uma visão generalista sobre Indústria 4.0, com os seus principais conceitos e fundamentos sem, contudo, esgotar o tema.

Por tratar-se de assunto na fronteira do conhecimento, algumas imprecisões poderão ocorrer, pois os conceitos aqui expressos não são teoremas. Contudo, o objetivo é o de provocar discussões sobre o tema, tirando o véu que encobre os conceitos da Indústria 4.0, para que o conhecimento se dissemine ao maior número possível de pessoas.

Boa leitura!

José Benedito Sacomano

CAPÍTULO 1

INTRODUÇÃO

José Benedito Sacomano

Walter Cardoso Sátyro

A estrutura de guildas, ou corporações de ofício medievais, conhecida também como manufatura artesanal, foi a precursora da organização moderna (HARDY; CLEGG, 2001). Nas guildas, os produtos eram fabricados em pequenas quantidades, em oficinas especializadas, onde eram manufaturados por artesões, mestres naquilo que faziam.

Figura 1.1 Guildas ou corporações de ofício.

Era necessário entrar na estrutura de guildas a partir de sua base, assim iniciava-se como aprendiz, quando os rudimentos da profissão eram ensinados e postos em prática. O aprendiz, após anos de trabalho submetendo-se a uma série de regras técnicas, tendo mostrado sua habilidade nas tarefas de manufatura, subordinação ao superior e domínio da arte da fabricação local, passava, então, à categoria de jornaleiro. Como jornaleiro, ou seja, cumpridor de jornadas de trabalho, passava a trabalhar em outras oficinas, aprendendo com outros mestres o ofício, para adquirir a maestria de conhecer todo um processo de fabricação quando, então, ao final de longos anos, passaria à condição de mestre.

O mestre detinha o conhecimento de todo o processo de fabricação dos bens que produzia, e também tinha os seus segredos em relação à produção, desde a compra das matérias-primas, fabricação, até os mercados e vendas dos bens fabricados. Poucos tinham acesso a esses bens por essas manufaturas artesanais, dado o valor elevado deles, pois tinham baixa escala de produção. Assim, apenas a parte mais abastada da população podia adquiri-los.

Dessa forma, a manufatura artesanal pode ser caracterizada pelo baixo volume de produção, produtos não padronizados, altos custos de produção, baixa qualidade, trabalhadores altamente qualificados, que dominavam todo o processo de produção, projeto e até comercialização, contato com os consumidores e uso de ferramentas comuns, entre outros.

1.1 PRIMEIRA REVOLUÇÃO INDUSTRIAL

Para suprir a escassez de produtos manufaturados artesanalmente, famílias passaram a reunir seus parentes para produzir bens e serviços, buscando atingir os altos ganhos dos artesões e atender a uma demanda crescente.

Paralelamente à população que crescia e ao aumento das manufaturas artesanais, o inventor inglês James Hargreaves, em 1767, criou a primeira máquina de fiar, construída toda em madeira, que passou a ser utilizada amplamente na Inglaterra.

Figura 1.2 Tear mecânico.

Outro inventor inglês, Richard Arkwright, criou em 1769 o tear hidráulico, que foi aperfeiçoado, passando a ser usado na indústria de tecidos.

Figura 1.3 Máquina a vapor.

Em 1769, James Watt começou o aperfeiçoamento da máquina vapor e Edmund Cartwright inventou, em 1785, o tear mecânico que podia ser operado por mão de obra não especializada, marcando o início da tecelagem industrial na Inglaterra, que se convencionou chamar de Primeira Revolução Industrial.

Com o tear mecânico, as empresas familiares, proprietárias de rocas de tear, tornaram-se não competitivas e passaram a trabalhar para os donos dos meios de produção, os capitalistas, marcando, assim, o surgimento da classe operária, cuja jornada de trabalho chegava a dezesseis horas por dia e, na manufatura, eram empregadas crianças e adolescentes, entre outros, ganhando baixos salários (REVOLUÇÃO INDUSTRIAL INGLESA, 1999).

1.2 SEGUNDA REVOLUÇÃO INDUSTRIAL

Figura 1.4 Manufatura em massa.

No século XIX, o aumento da produção do aço, gerada pelos altos-fornos a coque (NOLDIN JR., 2002), propiciou a fabricação de equipamentos e máquinas mais modernos que os de madeira de até então, que aliada ao uso da energia elétrica para fins industriais conduziu ao impulso da manufatura. As estradas de ferro propiciaram eficiente meio de transporte de mercadorias e pessoas, estimulando, assim, o progresso (FERREIRA; REIS; PEREIRA, 2011).

Entre 1825 e 1870, a cidade de Cincinnati, em Ohio, tornou-se o maior centro de manufatura e comercial do Oeste dos Estados Unidos, isso em razão de essa região ter sido o berço da centralização da produção. Quando as empresas se tornaram especialistas em produzir determinados produtos, elas também adotaram a divisão e a especialização do trabalho, inspiradas no livro de Adam Smith, *A riqueza das nações*, publicado em 1776, gerando, assim, a produção em massa, o que possibilitou a Cincinnati tornar-se uma das maiores produtoras de carne e seus subprodutos (GORDON, 1990).

Frederick Taylor (1856-1915) desenvolveu a racionalização do trabalho e aperfeiçoou a divisão do trabalho em etapas múltiplas, marcando o início da Segunda Revolução Industrial (FERREIRA; REIS; PEREIRA, 2011).

Vários empresários foram a Cincinnati, a fim de conhecer esse novo processo de produção, a manufatura em massa. Henry Ford teve, então, a ideia de adaptar a manufatura artesanal de produção de carros para essa nova manufatura em massa. Ford buscava a diminuição dos custos de produção e procurava pagar um salário aos seus funcionários, que tornasse possível a eles poder adquirir os carros que fabricavam.

Não obstante, o trabalho repetitivo, a forte supervisão e a hierarquia similar à militar fizeram a rotatividade da força do trabalho chegar a mais de 50% nas fábricas da Ford. Isso contribuiu para o surgimento de novas formas de administração da produção e motivou a criação de filmes críticos à manufatura em massa, como *Tempos Modernos*, de Charles Chaplin, que mostra a pressão a que os funcionários eram submetidos nas linhas de produção.

A manufatura em massa reduziu os custos de produção e, consequentemente, o preço do produto ao consumidor, propiciando que uma parcela maior da sociedade pudesse adquirir bens e serviços. Trouxe também a padronização de produtos, com a inflexibilidade de produzir o que não estava massificado e a verticalização das empresas, que procuravam dominar todo o ciclo de produção, da matéria-prima à venda dos produtos.

Como o objetivo era produzir sempre do mesmo bem e cada vez mais, havia pouca preocupação com a qualidade.

1.3 TERCEIRA REVOLUÇÃO INDUSTRIAL

Ao fim da Segunda Guerra Mundial, o Japão encontrava-se devastado e com poucos recursos. O governo japonês lançou um pacote incentivando toda a nação a reduzir o desperdício, para aproveitar tudo dos poucos recursos disponíveis. Por esse motivo, a Toyota não tinha como copiar o sistema de produção em massa de Ford, no entanto, premida pela necessidade de ser competitiva, criou o Sistema Toyota de Produção, produção enxuta, ou *lean manufacturing*, no Japão. Esse sistema foi desenvolvido pelos engenheiros Eiiji Toyoda e Taiichi Ohno (ELIAS; MAGALHÃES, 2003) e assenta-se na ideia da redução de desperdícios ao mínimo, eliminação de perdas, não produção do que não agregue valor ao produto, preocupação constante com a qualidade desde o projeto do produto, bom desempenho do processo de manufatura, produção conforme a demanda dos clientes (produção puxada), padronização, redução de estoques, parceria entre fornecedor e produtor, redução do ciclo de desenvolvimento de produtos e automação.

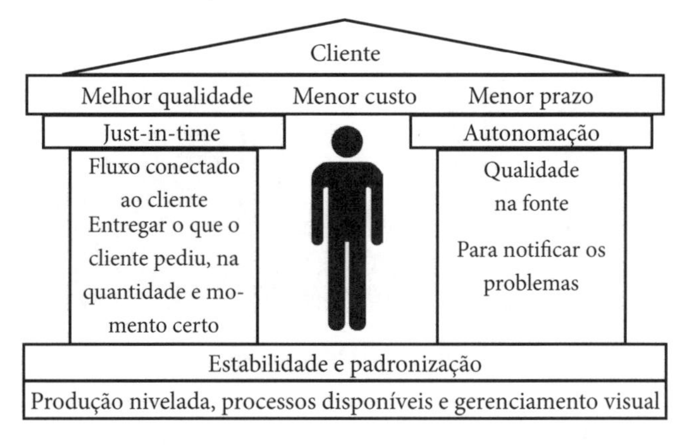

Figura 1.5 Sistema *Toyota* de produção, produção enxuta, ou *lean manufacturing*.

No fim dos anos 1960, surgem os controladores lógicos programáveis (CLP), facilitando a automação industrial. A eletrônica foi evoluindo com o tempo, tornando-se mais barata e com maior capacidade de atender a novos e maiores desafios e a Tecnologia da Informação (TI) passou a ser usada intensamente para apoio e controle da manufatura.

Pode-se citar, por exemplo, com o uso do *Material Requirements Planning* (MRP), para controle da necessidade de componentes/matéria-prima, do *Manufacturing Resources Planning* (MRP II), que, além do controle de materiais, gerencia os recursos industriais e do *Enterprise Resources Planning* (ERP), que integra todo o processo industrial à empresa (MOURTZIS et al., 2015).

Produção enxuta, automação e uso intensivo da TI, trouxeram ganhos para a indústria em geral e convencionou-se chamar este período de Terceira Revolução Industrial.

1.4 QUARTA REVOLUÇÃO INDUSTRIAL

Criada em 1957, durante a Guerra Fria entre a União Soviética e os Estados Unidos, a internet foi desenvolvida por pesquisadores militares dos Estados Unidos que idealizaram um modelo que pudesse trocar e compartilhar informações de modo descentralizado, assim, um ataque russo às bases militares americanas não exporia informações sigilosas norte-americanas, pois as mesmas estariam guardadas em diferentes locais.

Figura 1.6 Indústria 4.0.

Criou-se assim a Agência de Projetos de Pesquisa Avançada (ARPA – Advanced Research Projects Agency), com o objetivo de compartilhar informações usando a tecnologia de informações de forma independente. Assim, caso houvesse um ataque nuclear, a parte danificada da rede não impediria a continuidade da comunicação pela parte remanescente (ERCILIA; GRAEFF, 2008).

Em 1969, surge a primeira rede criada denominada Advanced Research Projects Agency Network (ARPANET), conectando quatro pontos (ERCILIA; GRAEFF, 2008). Consistia em um sistema de transmissão de dados, por meio de uma rede de computadores, em que as informações eram divididas em pequenos pacotes sendo, então, enviados por caminhos diferentes, contendo cada pacote trechos da informação/dados, endereço do destinatário e informações para possibilitar a remontagem da mensagem original no destinatário.

Assim, uma parte dos pacotes pode trafegar por cabos submarinos, outra parte por micro-ondas ou outros meios, e quando chegam no destinatário se reagrupam formando a mensagem.

Os roteadores decidem o melhor caminho para esses pequenos pacotes poderem trafegar, e quando os pacotes chegam ao destino a mensagem é reconstruída (SANTOS, 2014).

A ideia de poder integrar remotamente as operações industriais com seus fornecedores e clientes não é nova. Em 1979,

Como vamos dominar a quarta revolução industrial é o grande desafio

Joseph Harrington lançou o livro *Manufatura integrada por computador* (*Computer integrated manufacturing* – CIM), abordando o tema.

A quarta revolução industrial – Você está pronto?

Há registros de que, em 1989, na Chevrolet-Pontiac-GM do Canadá, o grupo de montagem da planta, iniciou um serviço experimental de transmissão de pedidos a fornecedores pela internet. Iniciativas parecidas surgiram em vários outros países, como Coreia do Sul e Japão, mas não conseguiram ir muito além.

O grande problema daquela época eram os altos custos de implantação e manutenção do sistema e a falta de capacidades dos equipamentos, o que não permitia grandes avanços.

Com o passar do tempo, os equipamentos eletrônicos tornaram-se cada vez mais potentes e flexíveis, novos *softwares* foram desenvolvidos e os preços caíram, viabilizando, assim, o antigo sonho de integração das operações de manufatura à fornecedores, clientes e sua operação remota.

Em 2011, o governo da Alemanha lançou um projeto durante a Feira de Hannover, denominado Plataforma Indústria 4.0 (Plattform Industrie 4.0), com o objetivo de desenvolver alta tecnologia de modo a fazer com que os sistemas automatizados que controlam os equipamentos industriais pudessem se comunicar trocando, assim, informações/dados entre máquinas e seres humanos, de forma a otimizar todo o processo de produção.

Na ocasião foi criado um grupo de trabalho público-privado que, do lado público, foi liderado por Henning Kagermann da Academia Nacional de Ciência e Engenharia (Acatech – National Academy of Science and Engineering) e, do lado privado, por Siegfried Dais da empresa Bosch (Robert Bosch GmbH).

Em 2013, a Plataforma Indústria 4.0 passou a ser divulgada por associações, empresas e academias e, em 2015, foi relançada, agora como programa do governo alemão (HERMANN; PENTEK; OTTO, 2015; SANDERS; ELANGESWARAN; WULFSBERG, 2016).

REFERÊNCIAS

Exoesqueleto e ergonomia na indústria 4.0

ELIAS, S. J. B.; MAGALHÃES, L. C. Contribuição da produção enxuta para obtenção da produção mais limpa. In: ENCONTRO NACIONAL DE ENGENHARIA DE PRODUÇÃO, 23., 2003, Ouro Preto. *Anais*... Rio de Janeiro: Abepro, 2003. p. 1-8.

ERCÍLIA, M.; GRAEFF, A. *A internet*. 2. ed. São Paulo: Publifolha, 2008.

FERREIRA, A. A.; REIS, A. C. F.; PEREIRA, M. I. *Gestão empresarial*: de Taylor aos nossos dias: evolução e tendências da moderna administração de empresas. São Paulo: Cengage Learning, 2011.

GORDON, S. From slaughterhouse to soap-boiler: Cincinnati's Meat Packing Industry, changing technologies, and the rise of mass production, 1825-1870. IA. *The Journal of the Society for Industrial Archeology*, v. 16, n. 1, p. 55-67, 1990.

HARDY, C.; CLEGG, S. R. Alguns ousam chamá-lo de poder. In: CLEGG, S. R.; HARDY, C.; NORD, W. R. *Handbook de estudos organizacionais*. São Paulo: Atlas, 2001. v. 2, p. 260-289.

HERMANN, M.; PENTEK, T.; OTTO, B. Design principles for Industrie 4.0 scenarios: a literature review. In: *Working Paper No. 01 / 2015, Technische Universität Dortmund, Fakultät Maschinenbau and Audi Stiftungslehrstuhl - Supply Net, Order Management,* 1-15, 2015.

MOURTZIS D. et al. Cloud-based integrated shop-floor planning and control of manufacturing operations for mass customization. In: 9th CIRP Conference on Intelligent Computation in Manufacturing. Engineering. Procedia CIRP 33, 9-16, 2015.

NOLDIN JR., J. H. *Contribuição ao estudo da cinética de redução de briquetes auto-redutores*. 2002. 143 p. Dissertação (Mestrado em Engenharia Metalúrgica) – Departamento de Ciência dos Materiais e Metalurgia, Pontifícia Universidade Católica do Rio de Janeiro, Rio de Janeiro.

REVOLUÇÃO INDUSTRIAL INGLESA. 1999. Disponível em: <https://www.todamateria.com.br/revolucao-industrial-inglesa/>. Acesso em: 25 ago. 2017.

SANDERS, A.; ELANGESWARAN, C.; WULFSBERG, J. Industry 4.0 Implies Lean Manufacturing: Research Activities in Industry 4.0 Function as Enablers for Lean Manufacturing. *Journal of Industrial Engineering and Management*, v. 9, n. 3, p. 811-833, 2016.

SANTOS, M. dos. *Como funciona a internet e a World Wide Web*. 2014. Disponível em: <http://pensandonaweb.com.br/como-funciona-a-internet-e-a-world-wide-web/>. Acesso em: 31 ago. 2017.

Parte I

A INDÚSTRIA 4.0
E SEUS ELEMENTOS FORMADORES

CAPÍTULO 2
INDÚSTRIA 4.0: CONCEITOS E ELEMENTOS FORMADORES

José Benedito Sacomano

Walter Cardoso Sátyro

2.1 INTRODUÇÃO

Nos primórdios da civilização, o ser humano usou a própria energia muscular para produzir trabalho, quando, muitas vezes, escravos eram usados para realizar tarefas repetitivas e/ou que demandavam grande esforço físico: mover moinhos, acionar remos para mover embarcações, e outros.

Como evolução da civilização humana, foi iniciado o uso de "energia animal", quando cavalos, burros, camelos, elefantes e outros animais, que substituíram em parte a energia humana. Mais tarde, foi utilizada a energia gerada pelos elementos da natureza, como o vento acionando moinhos para moer trigo, velas para mover embarcações, bem como a força das águas, com as rodas d'água, até as modernas turbinas hidráulicas gerando energia nas hidrelétricas.

Entre 300 a.C. e 1 a.C. na Grécia Antiga, mecanismos de regulação de boia são reportados, quando um regulador de boia foi usado para manter o nível de óleo combustível em um lampião, desenvolvido por Philon em 250 a.C. Nessa época surge o livro *Pneumatica*, escrito por Heron de Alexandria, que apresentava reguladores de boia controlando mecanismos de nível de água (SILVA; ASSUNÇÃO, 2015).

A prensa gráfica móvel, idealizada por Gutenberg em 1440 (SILVA, [2015]), deu início à impressão gráfica e é considerada por alguns autores como o primórdio da automação industrial. Em 1769, James Watt cria o regulador de esferas, automatizando o controle da velocidade das máquinas a vapor (SILVA; ASSUNÇÃO, 2015).

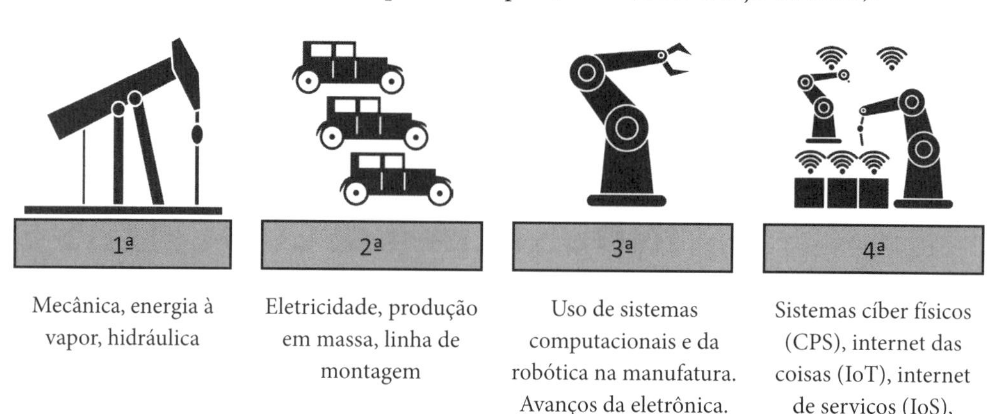

Figura 2.1 As quatro revoluções industriais.

A hidráulica, a pneumática e, depois, a eletricidade são utilizadas como fonte de energia e para automação industrial. Foram feitos vários esforços, ao longo dos anos, para que o ser humano se livrasse de tarefas repetitivas, e a automação vem ajudando o homem nesse sentido.

Ao longo da segunda metade do século XX, os controles começaram a passar do mecânico para o eletroeletrônico, inicialmente analógico e depois digital e computadorizado. A automação veio para reduzir o esforço ao empreender tarefas rotineiras ou repetitivas, tornando o processo controlado por dispositivos comandados por *softwares*.

Já no início do século XXI, dentre as várias transformações, o mundo vê surgir o fenômeno da digitalização, também chamada de transformação digital, caracterizada pela onipresença de computadores, *tablets* e *smartphones*, conexão à internet de amplo acesso e convergência das mídias de comunicação para o formato digital. O conteúdo da web torna-se colaborativo e surgem as redes sociais incluindo em torno de 37% da humanidade (WE ARE SOCIAL, 2017). Nesse contexto, o mercado se prepara para uma nova geração de consumidores nativos digitais e são traçadas estratégias de *marketing* com base na análise de grandes bases de dados (*big data*) e redes sociais. Empresas de base tecnológica criam modelos de negócio radicalmente inovadores que ameaçam os modelos tradicionais (como a Uber, no transporte urbano, e o Airbnb, na hospedagem).

No caso da Indústria, a base existente de automação informatizada e uma visão de negócios voltada à transformação digital faz nascer o conceito de Indústria 4.0, cujo nome veio de um projeto da indústria alemã, denominado Plattform Industrie 4.0 (Plataforma Indústria 4.0), lançado em 2011, na Feira de Hannover.

A Indústria 4.0 assenta-se na integração de tecnologias de informação e comunicação que permitem alcançar novos patamares de produtividade, flexibilidade, qualidade e gerenciamento, possibilitando a geração de novas estratégias e modelos de negócio para a indústria, sendo, por isso, considerada a Quarta Revolução Industrial ou o Quarto Paradigma de Produção Industrial.

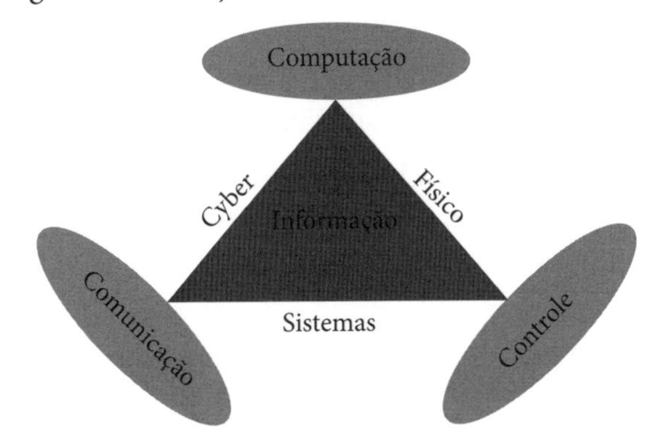

Figura 2.2 Sistemas Ciber Físicos (*Cyber-Physical Systems* – CPS).

Em uma planta industrial operando com Indústria 4.0, a linha de produção pode ser acionada e controlada remotamente. Para facilitar, um modelo virtual da linha de produção é criado, de modo que otimizações da linha de produção possam ser ensaiadas primeiro no computador, no mundo virtual, para garantir que, quando implantado, venha a causar o mínimo de problemas possível.

Os pedidos do cliente são processados e programados automaticamente, e o cliente pode ter acesso às fases de produção de seus pedidos, tudo online. Além disso, o cliente pode realizar pedidos de customizações, como cor, tamanho, acabamento e acessórios especiais, que podem ser realizados em linhas de produção, as quais se tornam flexíveis.

Quando há problemas na linha, o próprio sistema poderá entrar em contato requisitando manutenção ou interagir com os sistemas de fornecedores, logística e outros.

2.2 A INDÚSTRIA 4.0 NA PRÁTICA

Vamos ver como seria um exemplo de uma Indústria 4.0 operando na prática.

O ponto inicial é o pedido online feito por um cliente. O pedido entra no Planejamento e Controle de Produção, o sistema de segurança verifica se o pedido é realmente de um cliente idôneo, assim, a lista de materiais para a confecção do pedido é gerada automaticamente e o sistema verifica se os materiais necessários para a produção do pedido constam em estoque.

Em caso negativo, o próprio sistema verifica com o sistema dos fornecedores os prazos de entrega e os compara com o do pedido.

Workshop de manufatura Inteligente: Célula Automatizada - Indústria 4.0

Caso não seja possível atender ao pedido original, pois os fornecedores não conseguiriam suprir os insumos para a data necessária, dependendo de como o sistema estiver configurado, este pode abrir a consulta para fornecedores do mundo todo, checando preços e prazos de entrega.

Não sendo possível atender, o sistema entra em contato com o cliente informando não ser possível atender ao prazo solicitado, dando outras alternativas.

O sistema informa o prazo possível de atendimento e abre negociação com o cliente, informando que poderia atender no prazo solicitado, desde que o cliente fizesse esta ou aquela concessão, por exemplo, receber na cor azul e não na amarela conforme o pedido original.

Uma vez fechado o pedido com o cliente, o sistema confirma as encomendas com os fornecedores e aloca o pedido na linha de produção.

Se for preciso reconfigurar a linha de produção, o sistema ensaia a reconfiguração da linha em ambiente virtual e apresenta um modelo ideal de reconfiguração para validação por um supervisor. Esse processo de reconfiguração pode estar baseado em inteligência artificial.

Na data acertada, caso seja necessário, o sistema reconfigura a linha de produção ou não, para atender ao pedido em questão.

Na linha de produção, atuadores e sensores vão controlando a linha de produção, ao mesmo tempo em que passam informações sobre o processamento do pedido e/ou dados de máquinas para uma central, que retransmite estas informações pela internet ou Intranet para sistemas supervisores, que vão atuando nos equipamentos.

A estes sensores e atuadores conectados à internet ou Intranet, chamamos de sistemas ciber físicos, ou em inglês, *Cyber-Physical Systems*, abreviado como CPS pois conectam a linha de produção, mundo real, aos interessados, via mundo virtual, cibernético ou mecanismos de comunicação e controle de equipamentos.

Cada estação de trabalho troca informações com as outras estações de trabalho de forma descentralizada.

Por exemplo, a primeira estação de trabalho detecta pela ordem de produção online que entrou na estação 1 um carro que vai ter rodas especiais. Assim, envia mensagem para a estação de trabalho em que estas rodas serão colocadas, "atenção setor 5 de rodas, prepare as rodas modelo 'X' para ele", depois, entra em contato com seção 8 "prepare para quando este veículo chegar instalar estofamento especial modelo 'Y'", ou "linhas 2 a 5 reduzir ritmo em 50%, pois o sistema eletrônico do robô 'ABC' está apresentando mal funcionamento aqui no setor 6, e precisamos poupá-lo até que chegue a manutenção", e assim por diante.

Chamamos isso de comunicação máquina a máquina ou, em inglês, *machine to machine* (M2M). Nesse sistema, máquinas interagem entre si, seja enviando dados e informações ou mesmo comandos entre elas. Essas máquinas também podem interagir com os humanos, quando temos a comunicação máquina a humanos ou, em inglês, *machine to human* (M2H).

Caso a linha precise de manutenção, o sistema comunica ao setor de manutenção interno à fábrica ou entra em contato com a empresa de manutenção externa, informando o que está acontecendo, e solicitando o reparo, O cliente é alertado sobre a possibilidade de atraso no prazo de entrega.

O pedido é então produzido, o sistema informa ao cliente, emite a documentação necessária para poder embarcar o pedido e solicita à logística o transporte. O cliente, então, passa a rastrear online o trânsito do pedido, desde a fábrica até a entrega.

Como a interconectividade é muito grande e há a possibilidade de a linha de produção se reconfigurar, é possível a produção em larga escala de itens personalizados ou customizados. A essas fábricas dá-se o nome de fábricas inteligentes, ou *smart factories*, em inglês.

2.3 TRANSFORMAÇÃO DIGITAL E A INDÚSTRIA 4.0

Os dados gerados tanto no processo industrial quanto no processo comercial, comportamento do consumidor e outros, serão muito densos de informações. Chama-se a essa massa enorme de dados gerados de *big data*, que, analisados convenientemente por *software*, poderão gerar otimizações, reduções de desperdício, adequação à sustentabilidade e possibilidades de negócios.

Para facilidade de acesso remoto aos arquivos gerados, os dados são armazenados ou processados em servidores que podem estar em locais diferentes, por exemplo, um servidor aqui no Brasil e outro localizado na China, ou mesmo nos dois países ao mesmo tempo. Chama-se a isso de computação em nuvem ou, em inglês, *cloud computing*, pois não se tem certeza onde esses servidores estão. Nuvem tem a conotação de um lugar incerto, desconhecido. A finalidade é que dessa maneira, torna-se possível armazenar, processar ou acessar os dados de qualquer lugar do globo em que haja internet (SALESFORCE BRASIL, 2016).

Os produtos fabricados também poderão ter sensores e atuadores, para que possam, em adição, enviar e receber informações, e serem comandados remotamente, como é o caso de uma televisão ou uma câmera de segurança, que poderia ser acionada de qualquer lugar do mundo em que houvesse sinal de internet. Assim, antes de chegar em casa, seria possível ligar as luzes da garagem e ligar a cafeteira pelo seu celular. Chamamos a isso de internet das coisas ou, em inglês, internet of things (IoT). Coisas tem o sentido de objetos, para mostrar que os objetos passarão a interagir com os humanos usando como meio de comunicação a internet.

Novos serviços também poderão ser oferecidos aos clientes, ao que se chama de internet de serviços ou *internet of services* (IoS). Por exemplo, o seu despertador inteligente poderia tocar antes do horário, pois recebeu a informação de que o caminho que você usualmente segue para o trabalho está congestionado por um acidente e o caminho alternativo, que ele já traçou, requer que você acorde antecipadamente.

Outro exemplo: o espelho inteligente do seu banheiro poderia mostrar a sua agenda de compromissos do dia ou, então, sugerir a roupa mais adequada para você usar, em função do clima, dos seus compromissos e frequência de uso das mesmas, tudo enquanto escova os seus dentes.

Enquanto se dirige para a empresa, em um carro com direção autônoma, do seu celular será possível acompanhar como foi a produção do turno da noite ou anterior, como está a entrada de pedidos na produção, projeção de faturamento da empresa, possível comparativo entre a empresa e seus concorrentes, problemas atuais, potenciais, possíveis soluções e outras funcionalidades.

A inteligência artificial deverá dar apoio à tomada de decisões, lembrando, porém, que será exigida cada vez mais sensibilidade aos executivos na Indústria 4.0, pois, no mundo real, concorrentes podem tomar decisões emocionais, destituídas de lógica, quando será preciso levar isso em consideração, assim como saber quando será preciso identificar a necessidade de contrariar sugestões de inteligência artificial. O sentimento poderá ser mais importante do que sugestões de decisões feitas por inteligência artificial.

Apesar de toda automação, de toda interconectividade, quem está na direção é o ser humano. A tecnologia vem só para colaborar, e não para comandar, e é preciso ser sensível a isso, para não se curvar a equipamentos aparentemente cada vez mais inteligentes, que possam levar à tomada de decisões que comprometam a continuidade das operações.

Esse mundo não está muito distante de nós. Traz muita novidade, mas também uma série de dúvidas e desafios. A Indústria 4.0 deverá alterar modelos de negócios, relações de emprego e trazer uma série de mudanças para a sociedade.

Podemos definir Indústria 4.0 como um sistema produtivo, integrado por computador e dispositivos móveis interligados à internet ou à intranet, que possibilita a programação, gerenciamento, controle, cooperação e interação com o sistema produtivo de qualquer lugar do globo em que haja acesso à internet ou à intranet, buscando, assim, a otimização do sistema e toda a sua rede de valor, ou seja, empresa, fornecedores, clientes, sócios, funcionários e demais *stakeholders*.

O conceito de sistema produtivo adotado na Indústria 4.0 pode ser utilizado não só pelas indústrias, mas também por outros setores produtivos, como na agricultura dita de precisão, em que tratores são dirigidos por GPS, com a mínima intervenção humana, podendo operar 24 horas por dia, com ou sem luz solar, ao mesmo tempo em que colhe, retira amostra do solo, analisa a amostra e envia o resultado da amostra por internet ou intranet, sugerindo as correções necessárias para o solo, de acordo com a plantação pretendida.

Vê-se também os supermercados inteligentes, com controle e reposição do estoque realizados por sistemas conectados, maior interatividade com os clientes e fornecedores, e, assim, as práticas que são adotadas na Indústria 4.0 também vão permeando a de outros setores produtivos, em uma transformação digital que vai envolvendo a sociedade.

Lojas dotadas de câmeras inteligentes podem acompanhar o olhar do cliente para os itens da vitrine, a fim de saber o maior interesse do mesmo, ou fazer a identificação facial de forma a personalizar o atendimento de um cliente que comprou há mais de três meses e o vendedor que o atendeu nem se lembrava mais dele.

Redes de *fast-food* já disponibilizam que o cliente personalize a sua refeição, em vez de só oferecer produtos padronizados. Em um terminal da lanchonete o cliente monta o seu sanduíche da forma como quiser utilizando os itens disponíveis.

Diante de tanta diversidade de aplicações, o termo Indústria 4.0 talvez devesse ser alterado para Produção 4.0, ou Sistema de Produção 4.0, pois não se limita mais à indústria, como foi originalmente pensado, passando para vários setores de atividade da economia.

A Indústria 4.0 é um termo coletivo que engloba tecnologias e conceitos de cadeia de valor de uma organização (HERMANN; PENTEK; OTTO, 2015). Dentro da estrutura modular das fábricas inteligentes (*smart factories*) da Indústria 4.0, sistemas ciber físicos (*cyber-physical systems* – CPS) monitoram processos físicos, criando uma cópia virtual do mundo físico, podendo tomar decisões descentralizadas. Por meio da internet das coisas (*internet of things* – IoT), CPS comunicam-se e cooperam uns com os outros e com humanos em tempo real. Via internet de serviços (IoS), serviços internos e externos à organização são oferecidos e utilizados pelos participantes da cadeia de valor.

2.4 ELEMENTOS FORMADORES DA INDÚSTRIA 4.0

Uma vez que o conceito de Indústria 4.0 ainda está em formação, uma classificação do que faz ou não parte desse contexto é complexa. Apresentamos aqui uma proposta de classificação dos elementos formadores da Indústria 4.0 que não deve ser entendida como exaustiva ou muito menos definitiva, mas que tem apenas caráter didático para facilitar a compreensão desse contexto:

- **Elementos base ou fundamentais**: representam a base tecnológica fundamental sobre a qual o próprio conceito de Indústria 4.0 se apoia e sem os quais não poderia existir.
- **Elementos estruturantes**: são tecnologias e/ou conceitos que permitem a construção de aplicações da Indústria 4.0. Consideramos nesta classificação que para que uma fábrica ou unidade de produção seja enquadrada no conceito de 4.0, pelo menos boa parte dos elementos estruturantes devem estar presentes.
- **Elementos complementares**: são elementos que ampliam as possibilidades da Indústria 4.0 mas que não necessariamente tornam 4.0 as aplicações industriais que eventualmente os utilizem.

2.4.1 ELEMENTOS BASE OU FUNDAMENTAIS

São considerados elementos base para a Indústria 4.0 sistemas ciber físicos, internet das coisas (IoT) e internet de serviços (IoS).

2.4.1.1 Sistemas ciber físicos (CPS)

Sistemas ciber físicos, ou do inglês, *cyber-physical systems*, ou abreviadamente CPS. Não se trata de uma nova fronteira tecnológica, mas de uma forma de implantar sistemas de informação e automação que torna possível trocar informações, executar comandos e acompanhar o processo produtivo a distância e em tempo real. Além disso, também é possível realizar simulações sobre o processo produtivo no campo virtual, sem que o físico seja comprometido, prejudicando a produção.

Os CPS são sistemas mecatrônicos compostos por sensores e atuadores, controlados por *software* que, monitorando uma série de dados, supervisionam e controlam processos industriais mecânicos, químicos, térmicos ou elétricos, no campo físico. Os dados são comunicados em tempo real ao ambiente virtual, que os representa em interfaces gráficas amigáveis ao ser humano, como se formasse um "gêmeo virtual" do mundo físico.

Esses sistemas ciber físicos transmitem informações e dados em tempo real, conectados, por meio do espaço cibernético, mundo virtual para o mundo real, permitindo que o mundo real possa atuar no sistema produtivo, seja controlando, reprogramando, acompanhando ou interferindo da maneira que for mais conveniente diretamente no sistema produtivo.

2.4.1.2 Internet das coisas (IoT)

Enquanto na internet convencional os agentes emissor e receptor da comunicação são seres humanos, na IoT emissor e/ou receptor são coisas, ou seja, objetos que utilizam a internet como um canal de comunicação.

Figura 2.3 Espelho inteligente.

Por exemplo, um sensor de temperatura que capta a temperatura de determinado ponto de inspeção em um forno industrial, e transmite este valor de temperatura pela internet para uma central, pode ser considerado uma aplicação de IoT. Esta central poderia ser acessada remotamente pela internet, por um supervisor que verificaria a temperatura.

Chamamos objetos inteligentes, ou *smart products*, quando a coisa, ou o objeto, passa a ter capacidade de processamento juntamente com a capacidade de conexão com a internet.

Tomando o exemplo anterior, no caso de um sensor de temperatura inteligente, que tendo capacidade de processamento, captaria a temperatura do forno industrial, compararia o valor da temperatura coletada com padrões programados, e dependendo do valor da temperatura, poderia emitir alertas para uma central, via internet ou Intranet, ou até diretamente para supervisores, ou mesmo comandar atuadores para providenciar a correção da temperatura do forno tomado como exemplo, nesse último caso, sem qualquer intervenção humana.

Geladeiras inteligentes poderão elaborar a lista dos itens faltantes, consultar mercados que tragam melhores relações custo-benefício, enviar a lista de compras já com os preços e condições de pagamento para a sua autorização, e uma vez autorizado, fechar o pedido de compra, para entrega no dia e horário da sua maior conveniência pessoal, pois já se interligou à sua agenda eletrônica, e sabe que naquele dia e horário você não tem compromisso agendado.

A IoT abre oportunidades para criar-se novos tipos de serviços, e até aplicações de mercado em massa, como as cidades inteligentes, nas quais diversos elementos urbanos são interligados por sistemas, visando eliminar congestionamentos, reduzir filas, melhorar o transporte, gerenciar melhor a geração e distribuição de energia, atendimentos à saúde, policiamento e outras coisa mais.

2.4.1.3 Internet de serviços (IoS)

Do inglês *internet of services*, ou abreviadamente IoS. Pela IoS, novos serviços são disponibilizados por meio da internet ou internamente à empresa.

Você poderá ser alertado pelo celular/*tablet* ou computador que o seu carro precisa de revisão e/ou que chegou o período de trocar os pneus. Isso gera a ida à concessionária e a consequente ordem de produção para os itens que serão trocados durante a revisão.

A sua passagem de avião é marcada, o sistema do celular recebe a informação do dia e horário do voo, e ao verificar as condições do trânsito no dia da sua viagem, alerta que você deverá sair com determinado tempo de antecedência para chegar a tempo para o embarque.

Você procura por um produto na internet, mas não encontra no preço ou nas condições que deseja. É criado um alerta em um site que vai monitorar a internet ao longo dos dias até encontrar o produto nas condições especificadas e o avisará.

Esse tipo de serviço, dentre outros possíveis de serem concebidos, é o campo de estudo da IoS. Em vez de comprar uma máquina, uma indústria pode comprar somente o serviço que ela oferece. Serviços de manutenção poderiam ser solicitados diretamente pelo próprio equipamento que os necessita.

Conheça as inovações que colocam a fábrica da FIAT na indústria 4.0

2.4.2 ELEMENTOS ESTRUTURANTES

Os elementos estruturantes estão presentes em várias aplicações, mas nem todos são necessários, e, à medida que a indústria se encaminha para seguir a Indústria 4.0, todos esses elementos tendem a estar presentes. São os elementos estruturantes que dão suporte à Indústria 4.0, e estão presentes em várias de suas aplicações:

2.4.2.1 Automação

A automação é definida como a realização de tarefas sem a intervenção humana, com equipamentos que funcionam sozinhos e possuem a capacidade de controlar a si próprios, a partir de condições e/ou instruções preestabelecidas.

A automação da indústria deve-se dar antes implantação da Indústria 4.0, sendo considerada uma pré-condição para a implementação da Indústria 4.0. Caso a empresa não tenha processos produtivos ou linhas de produção automatizadas, ou pelo menos semiautomatizadas, será preciso adequá-la ao processo automatizado como primeiro passo para aproveitar toda a potencialidade do sistema de produção 4.0.

Entretanto, isso não significa que toda unidade de produção 4.0 seja totalmente autônoma, sem qualquer intervenção humana direta. Há unidades já implantadas ou experimentais com produção mista, nas quais a mão de obra humana interage com máquinas e robôs colaborativos.

O uso de robôs tem especial importância em tarefas que apresentam risco ao trabalhador, exigem grande velocidade e/ou precisão de execução, sejam atividades extenuantes ou repetitivas. É possível poupar o ser humano do perigo, de lesões por esforços repetitivos ou sobrecarga de trabalho, e atender à demanda de consumo.

Atualmente, está em uso o robô colaborativo, cuja função é auxiliar o trabalhador em sua jornada de trabalho, reduzindo seu esforço humano e, propiciando elevado nível de produtividade. Os robôs conseguem manter elevado nível de qualidade, além de poderem ser adaptados para atender a variações de velocidade da linha de produção e atender a reconfigurações da linha de produção, mediante reprogramações.

Em 2017, a taxa de retorno do investimento em robôs levava em torno de quatro anos. Sua implantação requer trabalhadores especializados e tem manutenção mais sofisticada e, por isso, mais onerosa.

É possível ter-se uma empresa industrial trabalhando nos moldes da Indústria 4.0 sem a utilização de robôs, desde que essa empresa utilize os CPS, IoT e IoS. O uso de robôs não implica que uma empresa esteja na Indústria 4.0, como alguns consideram. Por isso, os robôs são considerados elementos acessórios da Indústria 4.0.

2.4.2.2 Comunicação máquina a máquina (*machine to machine* – M2M)

Como o sistema produtivo altamente automatizado e comandado por sistemas ciber físicos, da mesma forma que esses sistemas são programados para passarem dados e informações para fora do ambiente de produção, são programados também para compartilhar esses dados e informações com o restante dos equipamentos, em comunicação entre máquinas, denominado M2M.

O M2M pode ser definido como a comunicação entre duas máquinas ou a transferência de dados de um dispositivo a um computador central que pode ser realizada por meio de rede com ou sem fio, por meio de cabos, *bluetooth*, rede de telefonia celular ou internet. O processo M2M consiste basicamente de quatro etapas: geração dos dados, transmissão dos dados, análise dos dados e tomada de decisão (CULLINEN, 2013). Isso cria a possibilidade de os equipamentos tomarem decisões descentralizadas como uma ordem de produção que entra no processo produtivo ter os dados do seu processamento na linha de produção informados por meio de uma máquina para todo o processo.

Tem-se também a possibilidade de a máquina, na linha de produção, identificar necessidades de manutenção: a própria máquina entrar em contato com a manutenção interna ou externa, informando o que está acontecendo, ao mesmo tempo em que tenta minimizar o impacto do problema, por exemplo, solicitando às outras máquinas para reduzir a velocidade da linha de produção e/ou passar a produzir na linha algum tipo de produto que não sobrecarregue a máquina defeituosa.

2.4.2.3 Inteligência artificial (*artificial intelligence – AI*)

O objetivo da AI é utilizar dispositivos ou métodos computacionais de forma similar à capacidade de raciocínio do ser humano, resolvendo problemas da maneira mais eficiente possível. Essa AI passaria a controlar não só o processo de produção como também a fornecer sugestões às mais diversas necessidades de decisões.

Lembrando que quem comanda a máquina é o ser humano e não o contrário. A máquina dá o apoio, mas não o comando.

2.4.2.4 *Big data analytics* (análise de *big data*)

Chama-se de *big data* a massa de informações geradas por todo sistema, seja ele produtivo, comercial, marketing e outros, que precisa ser bem analisada, pois há riquezas de detalhes que podem significar o sucesso de qualquer empresa, desde que bem utilizados.

Os dados estruturados, ou seja, os que são passíveis de serem enquadrados dentro de uma estrutura racional, já contam com análises feitas por vários métodos estatísticos. A complexidade de análise do *big data* cresce à medida que incorpora a análise de dados não estruturados, como imagens, expressões faciais, sons, documentos digitalizados e outros.

2.4.2.5 Computação em nuvem

Assim chamada por não se saber onde estão localizados os servidores que armazenam e processam dados, assim como não se sabe por onde passam estes dados, nem onde os dados são replicados.

Dessa forma, um ou mais servidores podem estar em países diferentes, processando em conjunto dados gerados por uma empresa localizada em outro país.

Como não se sabe ao certo onde estão, diz-se estar na nuvem, no ciberespaço.

A computação em nuvem é fundamental para que as informações e dados possam ser acessadas, de forma fácil, de qualquer parte do mundo em que haja internet, para o controle multilocal do processo produtivo ou outro que se fizer necessário.

2.4.2.6 Integração de sistemas

Todo o sistema precisa estar integrado para permitir o funcionamento da Indústria 4.0 em sua plenitude.

Hoje, essa integração é um dos principais desafios da implantação da Indústria 4.0. O motivo é que vários equipamentos que trabalham com sistemas desenvolvidos por seus fabricantes, na maioria das vezes, não se integram muito bem com sistemas de outros fabricantes.

Muito esforço está sendo feito para superar essa barreira e, em congressos internacionais sobre Indústria 4.0, a grande maioria dos trabalhos de pesquisa versa sobre esta integração (SÁTYRO et al., 2017).

2.4.2.7 Segurança cibernética

Como todas as informações, dados e comandos trafegam online, é importante que haja segurança contra invasões às redes de internet ou Intranet.

O vazamento ou roubo dos dados e informações, ou a entrada de elementos maliciosos na rede, comprometem todo modelo da Indústria 4.0, sendo que ainda há muito a fazer para tornar a internet segura.

Para resolver estes problemas, pesquisas estão sendo feitas, novos protocolos de comunicação vêm sendo desenvolvidos, novas medidas de segurança criadas, e logo teremos a segurança que precisamos para poder operar a Indústria 4.0 em toda a sua plenitude.

Estudos citam as fábricas inteligentes, do inglês *smart factories*, como elemento base da Indústria 4.0, contudo entendemos que as *smart factories* são a própria Indústria 4.0 em ação, e não um elemento à parte.

2.4.3 ELEMENTOS COMPLEMENTARES

Por serem acessórios não significa que tenham menos importância que os elementos base ou fundamentais, ou mesmo os elementos estruturantes, mas que são igualmente importantes para a Indústria 4.0, complementando os outros elementos.

Há muitos outros elementos acessórios (e muitos outros surgem a cada dia) por isso, vamos nos ater neste texto apenas aos principais.

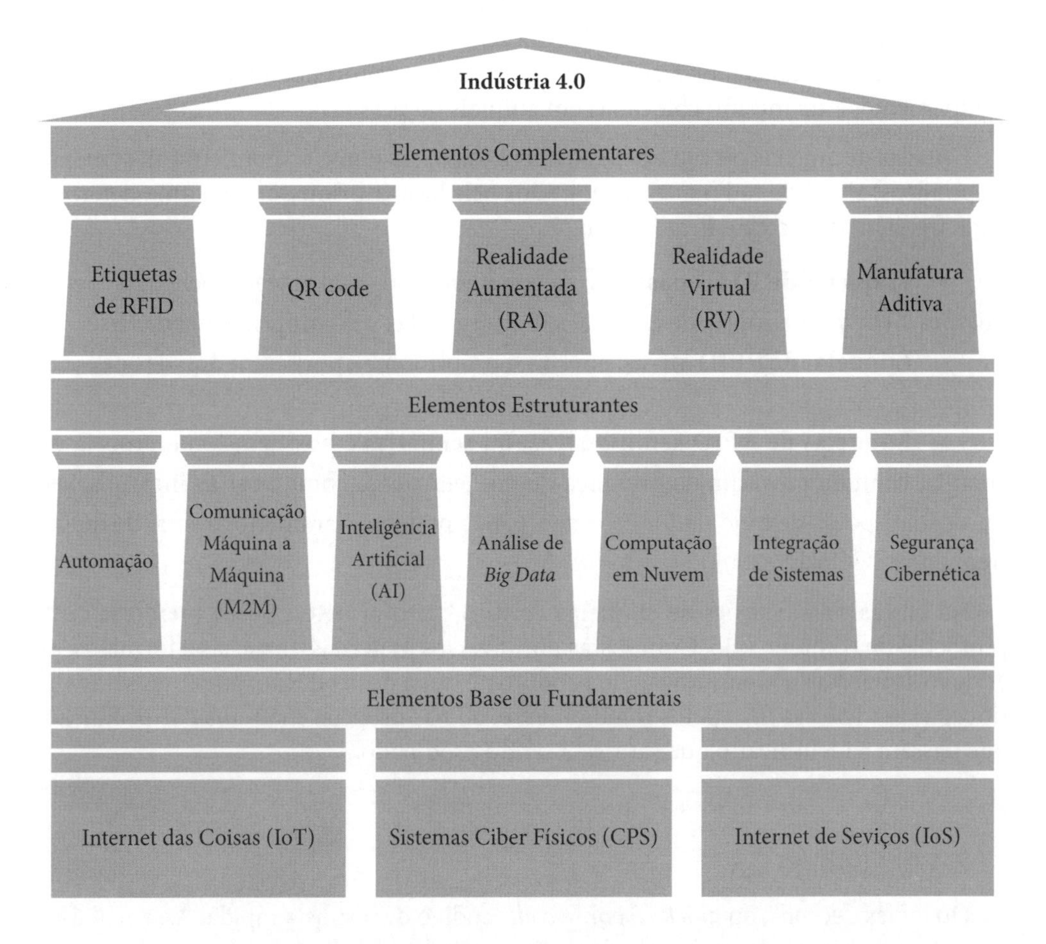

Figura 2.4 Elementos formadores da Indústria 4.0. A "casa" da Indústria 4.0.

2.4.3.1 Etiquetas de RFID

Figura 2.5 Etiqueta de RFID.

Do inglês, *radio-frequency identification tag* (RFID), as etiquetas de RFID são pequenos dispositivos eletrônicos de identificação que transmitem a comunicação por meio de radiofrequência. Elas podem ser coladas a um produto, uma embalagem, um equipamento, e até mesmo colocadas em animais ou pessoas.

Dotadas de antenas ou captadores e microchips, enviam e respondem (ou somente respondem) sinais de rádio que são emitidos pela base transmissora em uma determinada frequência. São classificadas em:

- **Etiquetas de RFID passivas**: só respondem ao sinal enviado pela base transmissora. Sem fonte própria de energia, são energizadas pelo próprio sinal da base;
- **Etiquetas de RFID ativas**: enviam o próprio sinal, por serem dotadas de fonte própria de energia;
- **Etiquetas de RFID semipassivas, ou semiativas**: possuem fonte própria de energia, contudo precisam da presença de um leitor para comunicar as informações, pois não dispõem de modulador e, portanto, não podem criar um novo sinal de radiofrequência (GOMES, 2007).

Há outras classificações de etiquetas de RFID: conforme o tipo de memória ou o protocolo de comunicação. Compostas por diversos materiais, matérias e formatos, as etiquetas guardam a identificação do produto na linha de produção, podendo ser identificadas por leitores instalados remotamente, ou nas próprias máquinas de produção, que passam a identificar o que será/está sendo produzido.

2.4.3.2 Código QR

Do inglês *QR code*, ou *quick response code*, código de resposta rápida. Assemelha-se ao código de barras, contudo tem duas dimensões, podendo ser escaneado por qualquer telefone celular que tenha câmera e aplicativo para leitura instalados. Consegue armazenar maior quantidade de informações que o código de barras como número do lote, contato, e-mail, SMS, contatos do destinatário, dados de produção etc.

Figura 2.6 QR code.

2.4.3.3 Realidade aumentada

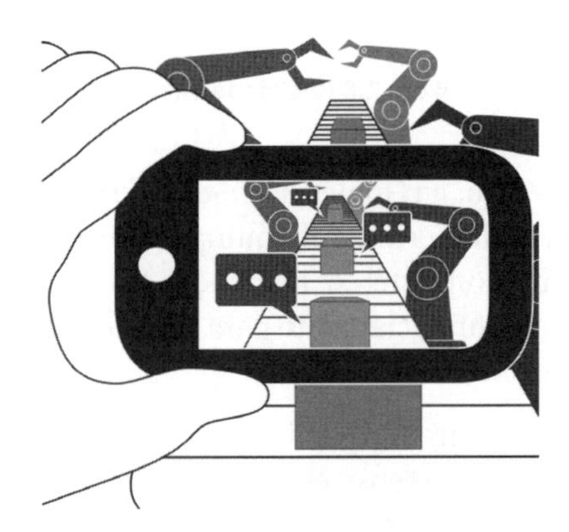

Figura 2.7 Realidade aumentada.

Também conhecida como realidade ampliada, a realidade aumentada (RA) ou, em inglês, *augmented reality* (AR), engloba o mundo real com objetos virtuais, o que permite observá-lo com objetos superpostos ou compostos a ele. Ela apresenta três características (AZUMA,1997):

- combina o real com o virtual;
- interage em tempo real;
- apresenta-se em três dimensões.

Com o uso de óculos de realidade aumentada, o trabalhador pode acessar uma série de informações importantes para o desempenho das suas funções, como: desenho e/ou sequência de montagem, itens que precisam ser repostos no estoque, lugares de armazenagem de determinado item e várias outras funções sobrepostas à realidade física observada.

Isso facilita o serviço, pois não é necessário manusear monitores ou informações escritas, está tudo no seu campo visual, não sendo preciso desviar sua atenção para poder executar o serviço.

2.4.3.4 Realidade virtual

Figura 2.8 Realidade virtual.

A realidade virtual (RV) ou, em inglês, *virtual reality* (VR), surgiu em 1962, quando o cinegrafista Morton Heilig criou a máquina chamada Sensorama, que produzia sensações de vento e aroma, som estéreo, inclinação do corpo e imagem 3D. Contudo, Morton Heilig não conseguiu financiamento para o projeto e o uso de sua máquina com o conceito de RV que temos hoje só foi possível após o desenvolvimento da informática.

A RV é definida como um conjunto particular de *hardware*, que pode incluir computadores, *headphones*, óculos, luvas sensíveis a movimento e outros, para dar a sensação de uma realidade que não se encontra no local, uma realidade apenas virtual (STEUER, 1992). Assim, pode-se ver uma máquina totalmente montada, por RV, para mostrar como a mesma deverá ficar, quando sequer as peças que a compõem estão no local.

Enquanto na realidade aumentada o que se encontra no local é complementado pela realidade aumentada (RA), na realidade virtual (RV) uma realidade que só existe no mundo virtual é trazida para o local.

Tem-se utilizado a realidade virtual para os clientes poderem ter a sensação de estarem dentro dos carros que pretendem comprar. Assim, podem dirigir diferentes veículos, verificar o mais adequado ao uso ou gosto, tudo sem precisar fazer *test drive* ou sequer sair da sala de atendimento da concessionária.

Os simuladores de voo, que treinam pilotos de aviação, podem ser comparados à realidade virtual, pois representam condições de voo a grandes altitudes sem que o piloto tenha saído do solo.

A indústria aeronáutica tem utilizado salas dotadas de ambientes de realidade virtual para projetar aeronaves. Especialistas, dos mais variados sistemas aeronáuticos, são reunidos nestas salas para poderem ver a acertar as interferências que um sistema pode causar ao funcionamento do outro, reduzindo o tempo total de desenvolvimento dos projetos.

2.4.3.5 Manufatura aditiva ou impressão 3D

Figura 2.9 Impressora 3D ou manufatura aditiva.

A tecnologia não é recente - comercialmente está no mercado desde o final da década de 1980 -, porém, nos últimos anos houve enorme salto tecnológico devido ao desenvolvimento de novos materiais e da eletrônica (MARQUES, 2014).

A manufatura aditiva ou impressão 3D foi inventada por Chuck Hull, um norte-americano do estado da Califórnia, em 1984, utilizando a estereolitografia, tecnologia precursora da impressão 3D. Em 2010, a Sociedade Americana para Ensaios e Materiais (abreviada em inglês como ASTM) redefiniu o nome para Manufatura Aditiva por considerar um termo mais amplo, que engloba a filosofia de manufatura, bem como as diferentes tecnologias desenvolvidas. A manufatura aditiva consiste em um processo de impressão de objetos a partir da deposição de variados materiais em camadas (MARQUES, 2014; SALMORIA, 2007).

Isso torna possível a fabricação de peças em um lugar com a impressora 3D comandada de outro lugar. Por exemplo, uma impressora instalada em São Paulo, Brasil recebe as instruções online do programa que deve executar para fazer uma peça, de algum lugar na Alemanha, e fabrica a peça em São Paulo, já no destino, até a sua conclusão.

O processo agiliza a fabricação de determinadas peças no local em que serão utilizadas, em vez de produzi-la em outro local e enviá-la às pressas, ou de forma custosa, para o local de consumo. Há impressoras 3D que fabricam peças metálicas, plásticas e até de concreto, sendo, também, possível a construção de edificações com o uso dessa tecnologia associada a outras técnicas construtivas. Além de peças para a indústria, são confeccionadas próteses humanas e de animais, calçados e vários outros produtos. Pelo seu amplo campo de utilização, a impressão 3D deverá trazer grandes benefícios.

REFERÊNCIAS

AZUMA, R. T. A survey of augmented reality. *Presence: Teleoperators and Virtual Environments*, Cambridge, v. 6, n. 4, p. 355-385, 1997.

CULLINEN, M. *Machine to machine technologies*: unlocking the potential of a $1 trillion industry. Washington, DC: Carbon War Room, 2013. Disponível em: <http://about.att.com/content/dam/csr/11_18assets/TechAssets/cwr_m2m_down_singles.pdf>. Acesso em: 8 jun. 2018.

GOMES, H. M. C. *Construção de um sistema de RFID com fins de localização especiais*. 2007. 104 p. Dissertação (Mestrado Engenharia Eletrônica) – Universidade de Aveiro, Aveiro, 2007.

HERMANN, M.; PENTEK, T.; OTTO, B. *Design principles for Industrie 4.0 scenarios: a literature review.* In: *Working Paper No. 01 / 2015, Technische Universität Dortmund, Fakultät Maschinenbau and Audi Stiftungslehrstuhl – Supply Net*, Order Management, 1-15, 2015.

SALMORIA, G. V. et al. Prototipagem rápida por impressão 3D com resinas foto curáveis: uma análise sobre as tecnologias disponíveis no mercado nacional. *Anais do 9º Congresso Brasileiro de Polímeros*, v. 9, p. 360-367, 2007.

MARQUES, K. *Manufatura aditiva*: o futuro do mercado industrial de fabricação e inovação. São Carlos: EESC-USP, 2014. Disponível em: <http://www.eesc.usp.br/portaleesc/index.php?option=com_content&view=article&id=1934:manufatura-aditiva-o-futuro-do-mercado-industrial-de-fabricacao-e-inovacao&catid=115&Itemid=164>. Acesso em: 31 mar. 2017.

SALESFORCE BRASIL. *O que é cloud computing?* Entenda a sua definição e importância. São Francisco, 2016. Disponível em: <https://www.salesforce.com/br/blog/2016/02/o-que-e-cloud-computing.html>. Acesso em: 5 ago. 2017.

PESSÔA, M. S. P.; SPINOLA, M. M. *Introdução à automação, para cursos de engenharia e gestão*. Rio de Janeiro: Elsevier, 2014.

SÁTYRO, W. et al. *Industry 4.0*: evolution of the research at the APMS Conference. In: IFIP International Conference on Advances in Production Management Systems. APMS 2017: Advances in Production Management Systems. The Path to Intelligent, Collaborative and Sustainable Manufacturing, 2017. p. 39-47.

SILVA, A. *Surgimento da imprensa*. [S.l.]: Infoescola, [20--]. Disponível em: <https://www.infoescola.com/comunicacao/surgimento-da-imprensa/>. Acesso em: 9 nov. 2017.

SILVA, M. de M.; ASSUNÇÃO, R. B. *A história do desenvolvimento da automação industrial*. [S.l.]: O homem pode tanto quanto sabe, 2015. Disponível em: <http://ohomempodetantoquantosabe.blogspot.com.br/2015/07/a-historia-do-desenvolvimento-da.html>. Acesso em: 9 dez. 2017.

STEUER, J. Defining virtual reality: dimensions determining telepresence. *Journal of Communication*, v. 42, n. 4, p. 73-93, 1992. Disponível em: <https://academic.oup.com/joc/issue/42/4>.

WE ARE SOCIAL. *Digital in 2017*: global overview. New York, 2017. Disponível em: <https://wearesocial.com/special-reports/digital-in-2017-global-overview>. Acesso em: 17 jan. 2018.

CAPÍTULO 3
SISTEMAS CIBER FÍSICOS

Benedito Cristiano Petroni

Irapuan Glória Júnior

Rodrigo Franco Gonçalves

3.1 INTRODUÇÃO

O processo de industrialização foi caracterizado pelas expansões das atividades produtivas, comerciais e, principalmente, pela transição da produção artesanal para a produção com divisão do trabalho e automação crescente, caracterizando as diferentes fases de revoluções industriais.

As revoluções industriais são marcadas pela utilização de novas tecnologias em seus processos produtivos e novas formas de gestão. A Primeira Revolução Industrial marca a passagem da produção semiartesanal, na qual o trabalhador detinha parcialmente o controle do processo e dos recursos de produção para a indústria, com a centralização dos recursos de produção e proletarização da mão de obra. Surgem assim as indústrias de produção em larga escala (COSTA NETO, 2010). A base tecnológica da Primeira Revolução Industrial era o vapor como fonte de energia e as máquinas automáticas mecânicas.

A Segunda Revolução Industrial, também considerada por alguns como parte da primeira, proporcionou o aprimoramento e modernização das tecnologias existentes com a utilização da eletricidade como fonte de energia e automação eletromecânica. Já a Terceira Revolução Industrial foi impulsionada pelo uso de redes de informação e comunicação, como o uso intensivo de computadores e a internet, o que permitiu definitivamente a união da tecnologia em prol dos processos industriais.

A Quarta Revolução Industrial busca aprimorar ainda mais o legado da Terceira Revolução Industrial, propiciando a mistura do mundo real com o mundo digital por meio de automações, troca de grandes quantidades de informações, utilização efetiva do conceito de sistemas ciber físicos (CPS – *cyber-physical systems*) e internet das coisas (IoT).

Um sistema ciber-físico é composto por elementos computacionais em estreita relação com o ambiente físico, com o intuito de monitorar e controlar entidades físicas em tempo real, bem como testar e simular processos físicos, a partir do ambiente virtual.

A Indústria 4.0 engloba sistemas e conceitos em várias áreas de conhecimentos, como a automação industrial integrada e inteligente, cadeias produtiva e logística globalmente integradas, fornecimento de matéria-prima e energia, gestão de ativos e plantas industriais, combinando domínios que vão das mais variadas áreas da engenharia e da tecnologia da informação (CESÁRIO, 2017).

3.2 ESTRUTURA DE SISTEMAS CIBER FÍSICOS

Todas as aplicações que utilizam as arquiteturas CPS são formadas por duas camadas: camadas de tecnologia operacional (física); e camada virtual, de aplicações de tecnologia da informação (*cyber*). No entanto, os protocolos de comunicação nessas arquiteturas podem diferir de modelos de informações usados natecnologia da informação (GIVEHCHI et al., 2017), sendo mais próximas dos protocolos de automação.

Nos CPSs, os elementos computacionais são interligados aos elementos físicos por meio de sensores e atuadores, de forma que o monitoramento e controle do ambiente físico possa ser realizado a partir do virtual. Equipamentos "inteligentes" permitem a tomada de decisões descentralizada e cooperação com humanos em tempo real.

A Figura 3.1 ilustra a arquitetura dos sistemas ciber físicos. A camada física é responsável pela realização das operações de transformação da realidade que, no caso de processos produtivos, pode ser entendida como máquinas operatrizes, esteiras transportadoras, robôs, braços mecânicos, fornos, caldeiras, tanques reatores etc. A própria planta da fábrica pode ser considerada na camada física, bem como os trabalhadores humanos que nela operam. A camada *cyber* é formada por aplicações de TI de múltiplas funções:

- uma cópia virtual (tecnicamente conhecida como gêmeo virtual – *virtualtwin*) do mundo físico, que permite testar e simular eventos ou processos com maior segurança e menor custo do que se realizados no mundo físico;
- interfaces de gerenciamento e controle em tempo real das atividades do mundo físico por meio de *dashbords* (painéis de controle na tela do computador) para uso por humanos;
- controle automático descentralizado por unidades inteligentes autônomas na linha de produção, baseadas em inteligência artificial e executadas em tempo real por meio de redes de sensores e atuadores na camada física;
- captura e armazenamento de dados em grande quantidade para análise e tomada de decisão (*big data analytics*);

- integração da cadeia de valor com a estrutura produtiva, permitindo a comunicação com fornecedores e clientes por meio do ambiente virtual.

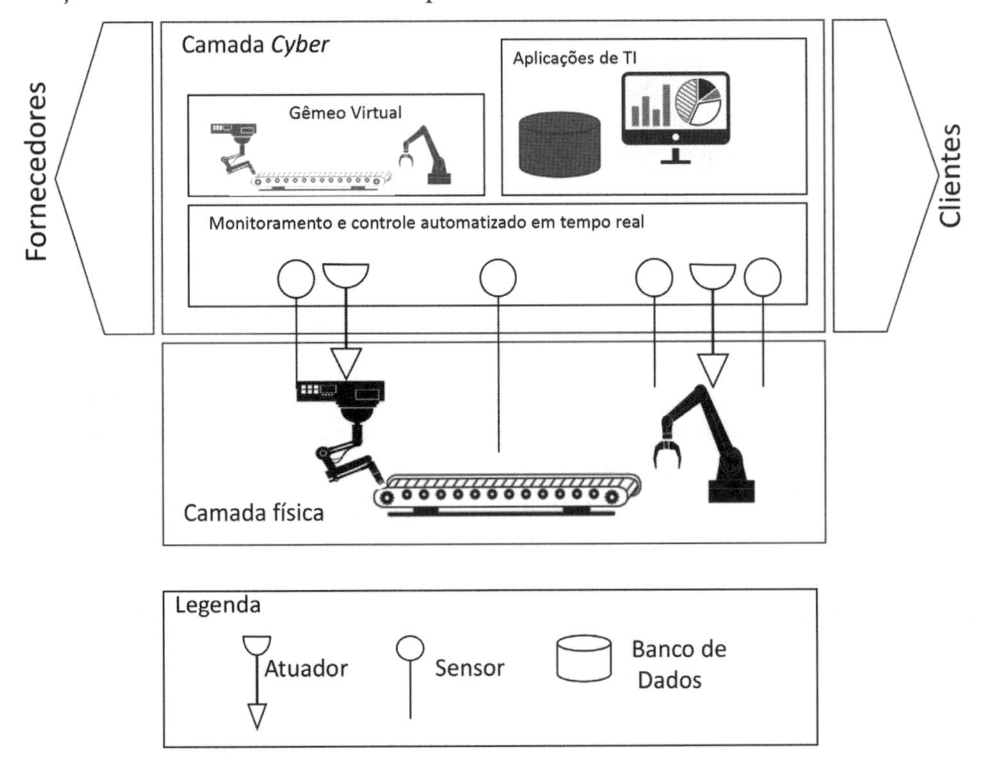

Figura 3.1 Arquitetura dos sistemas ciber físicos.

Nos CPS, a integração entre as camadas física e *cyber* dá-se a partir de sensores e atuadores. Sensores são dispositivos que captam informações do ambiente físico e as transformam em sinais elétricos e, então, digitais, para alimentar os sistemas de monitoramento e controle em tempo real. Já os atuadores realizam intervenções no mundo físico a partir de sinais e comandos digitais, como a abertura e fechamento de válvulas, força mecânica, aquecimento ou resfriamento etc., podendo assim controlar ações de máquinas, posicionamento de peças e objetos, velocidade de esteira, temperatura e pressão e outras características do ambiente físico.

A camada *cyber* pode abrigar um modelo de simulação que reproduz o ambiente físico - gêmeo virtual - a fim de permitir que projetos de novos processos ou alterações sobre processos existentes possam ser testados primeiramente no ambiente virtual, sem necessidade de alteração sobre o físico, proporcionando considerável redução de custos e riscos.

Inclui ainda um conjunto de aplicações de TI como sistemas integrados de gestão (ERP), sistemas de acompanhamento e controle da produção (*manufacturingexecution system*- MES), sistemas de gestão do ciclo de vida do produto (PLM), entre outros.

Embora esses sistemas tenham sido usados anteriormente ao conceito de CPS e Indústria 4.0, o diferencial está na integração em tempo real com o ambiente físico-produtivo. Esse conceito pode ser mais bem entendido analisando a seguinte situação: uma indústria automobilística pode ter um lote de produção planejado em seu sistema de PCP (uma das funções do sistema ERP) com determinada sequência de modelos de veículos na linha de produção. Caso ocorra algum problema em uma etapa da produção que leve a uma alteração na sequência dos veículos, se essa alteração não for repassada em tempo real para as etapas seguintes da linha, podem ocorrer atrasos ou mesmo parada da linha para a reorganização da produção. Isso pode ocorrer se as etapas subsequentes da linha se prepararem com *kits* de peças do estoque com base no plano inicial previsto no PCP. Se cada veículo em produção for identificado de forma única e sua posição na linha puder ser e identificada por toda a fábrica, usando-se uma etiqueta de RFID (camada física) na carroceria, por exemplo, a posição de todos os veículos em produção pode ser comunicada ao MES e todas as etapas da produção podem ser informadas tempestivamente da necessidade de se adaptarem à nova sequência, evitando atrasos ou parada da linha.

Todo o enorme volume de dados provenientes da camada física, bem como dos demais sistemas, podem ser armazenadas em um grande banco de dados para alimentar sistemas de *business inteligence* (BI), para análises e apoio a decisões estratégicas da organização.

Os sistemas podem também estender-se aos demais elos da cadeia de valor, permitindo, por exemplo, que o MES troque diretamente informação com os sistemas (ou máquinas) de fornecedores para garantir entregas *just in time* mais assertivas. Um cliente pode acompanhar o andamento da produção de seu pedido customizado ou mesmo fazer alterações no pedido, informadas em tempo real à camada física.

3.3 CPS E INDÚSTRIA 4.0

De acordo com a NationalCritical Technologies Panels, desde o início da década de 1990, equipamentos de processamento inteligente têm um papel essencial no avanço das capacidades de fabricação. O conceito fundamental é o processo de fabricação incluir a capacidade de detectar as características ou propriedades desejadas de um produto e ter inteligência local suficiente para controlar essas propriedades (ATLAS, 1996).

A condição inicial da plataforma da Indústria 4.0 é que equipamentos e objetos com capacidade de comunicação (em geral, aplicações de IoT) devem ser implementados como componentes em todo o processo, caracterizando assim a possibilidade de uma integração entre máquinas (ZEZULKA, 2016).Com isso, pode-se observar que a integração de máquinas tem sido objetivo das indústrias no sentido que buscar tecnologias de informação e comunicação para o gerenciamento de processos de maneira mais eficiente.

As indústrias de manufatura estão buscando aumentos substanciais de flexibilidade, produtividade e confiabilidade de suas máquinas de processo, bem como maior qualidade e valor de seus produtos por meio de integrações.

Existem vários dispositivos para auxiliar a Indústria 4.0: desde o controlador lógico programável dos anos 1990 (DA SILVA, 2016), até aplicações avançadas baseadas em IoT, inteligência artificial e robôs colaborativos. Um exemplo é a gestão dos processos de simulação de corrosão em equipamentos controlados por CLP a partir de um computador (GLÓRIA JÚNIOR, 2016).

3.4 APLICAÇÕES DE SISTEMAS CIBER FÍSICOS

Os sistemas ciber físicos pertencem à área de engenharia e são construídos e dependentes da integração perfeita entre algoritmos de sistemas computacionais e componentes físicos. Essa tecnologia está em constante evolução e seus avanços permitirão capacidade, adaptabilidade, escalabilidade, resiliência, segurança e usabilidade, além dos sistemas embarcados atuais.

Portanto, os sistemas ciber físicos estarão cada vez mais envolvidos nos sistemas de produção. Sistemas com tecnologia mecatrônica convencionais, não integrados, podem tornar-se elementos de sistemas ciber físicos por meio de funções de comunicação (implantação de IoT, por exemplo) e autonomia no comportamento sobre influências externas e configurações internamente armazenadas. No sistema de produção, a chamada integração horizontal por redes de valor e a integração vertical por sistemas de fabricação em rede podem ser construídas para realizar a chamada *produção inteligente* (LIU, 2015).

Como a internet trouxe uma revolução na forma de como a informação é propagada e disseminada, a tecnologia dos sistemas ciber físicos está transformando a maneira como as pessoas interagem com os sistemas industriais e todo o mercado consumidor com suas necessidades específicas.

A aplicação e utilização de tecnologias que utilizam os sistemas ciber físicos pode ocorrer em todas as áreas da organização, mas destaca-se a integração entre demanda e produção. Através dos CPS busca-se maior responsividade no atendimento às demandas individuais dos clientes e flexibilizar a produção conforme mudança dos mercados, influência global e situação geral da concorrência.

Alguns exemplos das variedades de aplicações possíveis de serem utilizadas pelos sistemas ciber físicos são:

- infraestrutura de comunicação durante o planejamento de transmissão de pacotes por meio de redes sem fio estabilizando todo o sistema (QU, 2015);
- desenvolvimento de uma solução de controle de pragas inteligente, um sistema de detecção de rato (RDS), a fim de fornecer uma infraestrutura para o monitoramento de ratos no campo da agricultura (MEHDIPOUR, 2014);

- aplicação de novas tecnologias em projetos de cidades inteligentes para auxiliar em estratégias de crescimento viável do mundo (GHAEMI, 2017);
- projetos inovadores no campo do monitoramento médico, com aplicação de dispositivos portáteis, com conexões de sensor e internet adequadas para o monitoramento de pessoas idosas e enfermas na fase de acompanhamento remoto (QUARTO, 2017);
- *kit* de robótica para educação e pesquisa sobre sistemas ciber físicos, utilizando tecnologia Arduino com vários recursos e custo baixo (WONG, 2016).
- A Figura 3.2 ilustra a relação existente entre os sistemas ciber físicos e os elementos das organizações que são beneficiados diretamente.

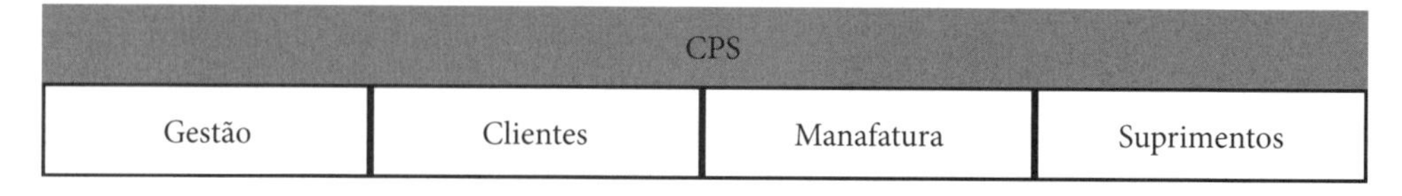

Figura 3.2 Sistemas ciber físicos interagem e integram diferentes elementos da organização em diferentes níveis.

Os sistemas ciber físicos podem contribuir para a transparência dos processos industriais, permitindo monitoramento em tempo real, ensaios e simulações sobre o gêmeo virtual, com custo e riscos reduzidos, além de aumentar a flexibilidade, responsividade e produtividade ao longo de toda a cadeia.Isso se deve, de acordo com Witkowski (2017):

- à melhora no atendimento das expectativas do cliente, em termos de serviços de entrega, tempo de entrega, disponibilidade e confiabilidade;
- a serviços preparados de acordo com as necessidades dos consumidores, portanto, com resposta rápida às suas necessidades;
- à segmentação da cadeia de suprimentos focada na demanda e necessidades específicas dos clientes, o que pode ajudar a reduzir custos e aumentar a flexibilidade;
- ao monitoramento de requisitos de segurança e controle de riscos;
- à disponibilidade de dados para análise estratégica e melhoria nos instrumentos de gestão.

3.5 SENSORES E ATUADORES

Sensores são dispositivos que respondem a estímulos de condições físico-químicas, como luminosidade, temperatura, pressão, acidez, corrente, aceleração, posição, entre outras, transformando-as em sinais elétricos que podem ser lidos e

Workshop de manufatura Inteligente: Célula Automatizada - Indústria 4.0

processados por sistemas eletrônicos. Os sensores podem ser analógicos (mais antigos e geralmente utilizados em automação convencional), ou digitais (compatíveis com sistemas computadorizados, como os CPS). Alguns exemplos de sensores são os:

- **Sensores de presença**: executam a detecção de qualquer material sem que haja contato físico com o elemento e são utilizados na indústria para detecção de quebra de fios, presença de pessoas ou objetos, medição de densidade e outras aplicações.
- **Sensores de proximidade**: utilizam campos formados por ondas de rádio ou sonoras que permitem identificar a proximidade de um objeto ou pessoa. Permitem, por exemplo, que um robô interrompa um movimento a fim de resguardar uma pessoa que eventualmente invada seu espaço de movimentação.
- ***Encoders***: na indústria, são usados quando é necessário obter informações sobre um deslocamento angular ou linear, como em uma esteira de movimentação de produtos ou em radares, que podem retornar a velocidade e posição na forma de *bytes*.
- **Fotosensores**: detectam a presença (ou a ausência) de luz. São muito utilizados para posicionamento de precisão com *laser*, medição de rotação e controle de movimentação e parada.
- **Sensores de aceleração (acelerômetro)**: fornecem sinais elétricos que indicam variação da velocidade. Usados para verificar vibrações, choques, impactos etc.
- **Sensores de pressão e temperatura**: muito utilizados no controle de processos químicos, bem como para segurança em diferentes aplicações industriais.

Já os atuadores são dispositivos que realizam intervenções no meio físico partir de sinais ou comandos eletrônicos/digitais. Fazendo uma analogia com o corpo humano, é como se sensores fossem nossos órgãos sensoriais e atuadores os nossos músculos. São exemplos de atuadores mais comuns:

- **Válvulas solenóides**: permitem a abertura ou fechamento de válvula hidráulica ou pneumática a partir de sinais elétricos.
- **Servo-motores**: motores com sistema de *feedback*eletroeletrônico que permitem controle de posição, força, torque.
- **Motores de passo**: permitem rotação controlada e discreta em pequenos ângulos.
- **Relês**: permitem o acionamento de correntes elétricas intensas a partir de sinais de baixa intensidade (interruptor elétrico).
- **Aquecedores e resfriadores**: realizam interferência térmica.

Além desses dispositivos, os CPS podem fazer uso de outros elementos na camada física como etiquetas de identificação por radiofrequência (RFID), que permitem identificar um objeto distante, códigos de barra ou QR para identificação por meio de leitores óticos, marcações no piso para orientação de robôs servidores de peças e veículos autônomos etc.

3.6 CONSIDERAÇÕES FINAIS

O advento da Indústria 4.0 e o uso dos sistemas ciber físicos representam um avanço para a união de dois conceitos até hoje dificilmente associados: alta customização e produção em massa. Essa nova forma de industrialização produz impactos econômicos e sociais nas empresas e na sociedade (PETRONI; GLÓRIA JÚNIOR; GONÇALVES, 2017).

O mercado ainda está se adaptando a esses conceitos e há inúmeros aspectos obscuros a serem discutidos, como o nível de emprego e a substituição da mão de obra humana, a capacitação do novo profissional da indústria e o papel da segurança da informação, privacidade, entre outros.

Como observado, os sistemas ciber físicos permitem a criação de uma rede com objetos inteligentes interagindo entre si e interconectados com sistemas cada vez mais integrados, flexibilizando a produção e aumentando a produtividade. Com isso tem-se a criação de novos mercados, estratégias e modelos de negócio.

REFERÊNCIAS

ATLAS, L. E.; BERNARD, G. D.; NARAYANAN, S. B. Applications of time-frequency analysis to signals from manufacturing and machine monitoring sensors. *Proceedings of the IEEE*, New York, v. 84, n. 9, p. 1319-1329, Sept. 1996.

BACEA, I. M.; CIUPE, A.; MEZA, S. N. Interactive Kanban: blending digital and physical resources for collaborative project based learning, 2017 IEEE 17th INTERNATIONAL CONFERENCE ON ADVANCED LEARNING TECHNOLOGIES (ICALT), Timisoara, 2017, p. 210-211.

CESÁRIO, J. M. Indústria 4.0. *TLCBrazil: Technology Leadership Council Brazil*, 30 mar. 2017. Disponível em: <https://www.ibm.com/developerworks/community/blogs/tlcbr/entry/mp283?lang=en>. Acesso em: 21 set. 2017.

COSTA NETO, P. L. de O. *Administração com qualidade*: conhecimentos necessários para a gestão moderna. São Paulo: Blucher, 2010.

DA SILVA, E. A. *Introdução às linguagens de programação para CLP*. São Paulo: Blucher, 2016.

GEISBERGER E.; BROY, M. *IntegrierteForschungsagenda Cyber-Physical Systems*. München: Acatech, 2012. Disponível em: <http://www.acatech.de/?id=1405>. Acessoem: 11 jun. 2018.

GHAEMIA, A. A cyber-physical system approach to smart city development. *2017 IEEE INTERNATIONAL CONFERENCE ON SMART GRID AND SMART CITIES (ICSGSC)*, Singapore, 2017, p. 257-262.

GIVEHCHI, O. et al. Interoperability for industrial cyber-physical systems: an approach for legacy systems. *IEEE Transactions on Industrial Informatics*, Piscataway,

v. 13, n. 6, Dec. 2017. GLÓRIA JÚNIOR, I. A identificação dos riscos em projetos de TI em uma indústria de corrosão: aspectos técnicos. In: GLÓRIA JÚNIOR, I. et al. *Engenharia da produção*: tecnologia e informação. São Paulo: PerSe, 2016. (v. 1.) p. 105-126.

LASI, H. et al. Industry 4.0. *Business and Information Systems Engineering*, Wiesbaden, v. 6, n. 4, p. 239-242, 2014. LIU, Q. *et al.* An application of horizontal and vertical integration in cyber-physical production systems. *2015 INTERNATIONAL CONFERENCE ON CYBER-ENABLED DISTRIBUTED COMPUTING AND KNOWLEDGE DISCOVERY*, Xi'an, 2015, p. 110-113.

MEHDIPOUR, F. Smart field monitoring: an application of cyber-physical systems in agriculture (work in progress). *2014 IIAI 3RD INTERNATIONAL CONFERENCE ON ADVANCED APPLIED INFORMATICS*, Kitakyushu, 2014, p. 181-184.

PETRONI, B. C.; GLÓRIA JÚNIOR, I.; GONÇALVES, R. F. Impacto da internet das Coisas na Indústria 4.0: uma revisão sistemática da literatura. WORLD CONGRESS ON SYSTEMS ENGINEERING AND INFORMATION TECHNOLOGY, 2017, Guimarães. WCSEIT 2017, 2017. v. 1.

QU, C. et al. Distributed data traffic scheduling with awareness of dynamics state in cyber physical systems with application in smart grid. *IEEE Transactions on Smart Grid*, Piscataway, v. 6, n. 6, p. 2895-2905, Nov. 2015. QUARTO, A. *et al.* IoT and CPS applications based on wearable devices. A case study: monitoring of elderly and infirm patients. *2017 IEEE WORKSHOP ON ENVIRONMENTAL, ENERGY, AND STRUCTURAL MONITORING SYSTEMS (EESMS)*, Milan, 2017, p. 1-6.

SLACK, N., CHAMBERS, S.; JOHNSTON, R. *Administração da produção*. 4. ed. São Paulo: Atlas, 2015.

TOLEDANO, M. T. H. Java technologies for cyber-physical systems. *IEEE Transactions on Industrial Informatics*, Piscataway, v. 13, n. 2, 2017, p. 680-687. WITKOWSKI, K. Internet of things, big data, Industry 4.0: innovative solutions in logistics and supply chains management. *Procedia Engineering*, Amsterdam, v. 182, 2017, p. 763-769.

WONG, N.; CHENG, H. H. CPSBot: a low-cost reconfigurable and 3D-printable robotics kit for education and research on cyber-physical systems. *2016 12TH IEEE/ASME INTERNATIONAL CONFERENCE ON MECHATRONIC AND EMBEDDED SYSTEMS AND APPLICATIONS (MESA)*, Auckland, 2016, p. 1-6.

ZANNI, A. Sistemas cyber-físicos e cidades inteligentes. *developerWorks – IBM*, 29 dez. 2015. Disponível em: <https://www.ibm.com/developerworks/br/library/ba-cyber-physical-systems-and-smart-cities-iot/index.html>. Acesso em: 30 out. 2017.

ZEZULKA, F. et al. Industry 4.0: an introduction in then phenomenon. *IFAC-PapersOnLine*, v. 49, n. 25, p. 8-12, 2016.

CAPÍTULO 4
INTERNET DAS COISAS (IOT)

José Benedito Sacomano

Rodrigo Franco Gonçalves

Walter Cardoso Sátyro

4.1 INTRODUÇÃO

Ao longo dos anos 1960 e 1970, o Departamento de Defesa dos Estados Unidos, criou a Rede de Agências para Projetos de Pesquisa Avançada (Advanced Research Projects Agency Network - ARPANET), que desenvolveu a primeira rede de operações de computadores, com base em troca de pacotes de informação. Nessa rede, a informação completa é dividida em pacotes, que são enviados de uma fonte para o receptor, seguindo vários caminhos diferentes e ao final são remontados para formar a mensagem no receptor. Dessa forma, a rede pode ser descentralizada, uma vez que qualquer caminho existente pode ser utilizado para a comunicação entre dois nós da rede. A principal preocupação em criar essa rede descentralizada era manter a capacidade de acesso a ela em caso de ataque nuclear.

A essa rede de objetivos militares, foram integrados centros de pesquisa e universidades, conectando computadores de médio e grande porte, de forma a compartilhar capacidade de processamento entre elas, com o objetivo de desenvolver pesquisa e inovação. Foi assim que nasceu a internet (MOREIRAS, 2014).

Com o tempo, outras redes foram sendo formadas até termos a internet dos dias de hoje, como uma grande rede mundial. Com a internet foi possível o desenvolvimento de várias aplicações hoje importantes (e até indispensáveis) para o nosso dia a dia, como e-mails e a World Wide Web, que foi uma aplicação criada para veicular informação em multimídia. Hoje, a web é a principal aplicação sobre a internet e é capaz de oferecer funcionalidades complexas de processamento e interatividade, permitindo aplicações avançadas, como redes sociais, jogos, comércio eletrônico e serviços bancários.

O desenvolvimento da tecnologia de redes sem fio (*wireless*) possibilitou que dispositivos móveis, como PDA, celulares, *tablets* e outros pudessem ser interligados à internet, ampliando o campo de atuação e a importância da internet em nossas vidas. Entretanto, a rede que foi inicialmente criada para conectar humanos a partir de diferentes aplicações, passou também a integrar coisas.

Do inglês *internet of things* (internet das coisas) ou, abreviadamente, IoT, consiste em conectar objetos usados diariamente, como máquinas, veículos, aparelhos eletrodomésticos, à internet, de forma a poderem ser acessados remotamente, por dispositivos móveis, como celulares, *notebooks* e *tablets* ou fixos, como *desktops* ou outros, que tenham conexão com a internet. O conceito de IoT foi criado pelo empresário britânico Kevin Ashton, que fundou uma *startup*. Formulada em 1999, sua ideia descreveu um sistema no qual o mundo material se comunicaria com computadores por meio da troca de dados com sensores omnipresentes. Quase uma década depois, na virada de 2008 para 2009, o número de dispositivos conectados à rede excedeu o número de habitantes do nosso planeta. Esse momento, de acordo com a Cisco, foi o verdadeiro nascimento da IoT, referida mais frequentemente como a "internet de tudo" (WITKOWSKI, 2017).

Segundo uma pesquisa realizada pelo McKinsey Global Institute (2015), a IoT deverá gerar um impacto econômico entre 3,9 trilhões de dólares a 11,1 trilhões de dólares por ano a partir de 2025, sendo que na indústria de manufatura a IoT tem potencial de reduzir o consumo de energia entre 10% a 20% e potencial de melhorar a eficiência do trabalho de 10% a 25%.

Nas aplicações da IoT na manufatura, redes de sensores podem controlar máquinas, processos produtivos e logísticos, e, com isso, aumentar a competitividade das empresas e reduzir custos operacionais. Melhorias em equipamentos de manutenção, otimização de inventários, e maior segurança e saúde do trabalhador, também são fontes de valor nas fábricas que adotarem essa nova tecnologia (McKINSEY GLOBAL INSTITUTE, 2015).

Por meio da IoT, os objetos, as coisas, podem se comunicar entre si. Assim, um sensor pode identificar peças ao longo de uma linha de montagem e informar ao almoxarifado quantos componentes serão necessários na estação seguinte. Um sensor em uma rodovia pode informar quantos veículos trafegam por uma estrada. Quando esses objetos conectados são dotados de capacidade de processamento, passamos a dizer que são "inteligentes" (*smart*).

Assim, um sensor de presença inteligente poderia emitir um alerta, ou mesmo acionar diretamente a logística para a retirada do *pallet* que recebe as peças produzidas por um equipamento industrial, por haver atingido determinado número de peças produzidas, ou informar que a quantidade de veículos trafegando por uma estrada atingiu determinado valor e acionar sistemas supervisores. Surgem assim os objetos inteligentes que, interligados entre eles e nós, possibilitam tornar a nossa vida mais confortável.

Como exemplo, temos alguns eletrodomésticos, como cafeteiras que podem ser acessadas ainda da cama, logo ao acordar, de forma que, quando chegar à cozinha para tomar o seu café da manhã, ele já estará pronto. Há também maçanetas inteligentes e portões de garagem automáticos, que se abrem com o comando do celular, e outras aplicações para facilitar a vida.

Dessa forma, quando um cliente solicita a produção de um item em emergência, o sistema de produção verifica a possibilidade de atendê-lo dentro do prazo solicitado, e já o informa que, para atender a produção do item em emergência, precisará atrasar um ou mais itens desse mesmo cliente que estão em produção, e já solicita que o cliente informe qual item ou quais itens ele escolheria para ter a produção atrasada.

Produtos em estoque no cliente podem sinalizar a necessidade de abertura de ordens de produção no fornecedor para reposição dos mesmos produtos, e mercadorias em trânsito podem informar a previsão de chegada ao cliente, baseada no trajeto que o motorista está executando e condições do trânsito.

Sistemas automatizados podem identificar a necessidade de chamar a empresa responsável pela retirada de sucata; entrar em contato solicitando a retirada; e avisar os responsáveis por essa operação. Sensores podem identificar a quebra de uma máquina automática, que parou por necessidade de manutenção de emergência, e imediatamente acionar a manutenção interna ou externa, além de avisar o planejamento da produção do ocorrido e apresentar possibilidades para minimizar o tempo que será gasto para manutenção.

Veículos podem informar a temperatura do ambiente à sua volta, umidade relativa do ar, velocidade do vento e outras informações, a uma central, ajudando na previsão do clima. Nas cidades inteligentes, semáforos interligados podem alterar a sequência de abertura e fechamento, para reduzir congestionamentos, com as informações recebidas da velocidade dos vários veículos dotados de IoT nas vias.

Relógios inteligentes podem monitorar a temperatura, batimento cardíaco, pressão arterial do seu usuário e, em caso de anomalia, enviar a uma central, e se for preciso ao seu médico. Esses relógios podem também sinalizar a entrada de e-mails ou mensagens, possibilitar a comunicação de voz por internet e outras funcionalidades. Há uma gama ampla de utilizações da IoT, o que torna difícil enumerar as várias aplicações que já existem ou sonhar com as que estão por surgir.

4.2 FUNDAMENTOS DA IOT

Para entender o funcionamento da IoT é necessário compreender, primeiro, como a internet funciona. Uma vez que a internet é um meio de comunicação, a base para seu entendimento está na teoria matemática da comunicação, desenvolvida por Claude Shannon e Warren Weaver em 1949 e considerada por alguns como uma das mais importantes realizações intelectuais do século XX (SPELLERBERG; FEDOR, 2003).

Um dia na vida da Internet das Coisas.

Essa teoria estabelece que toda comunicação tem, essencialmente, uma fonte e um destino separados espacialmente. A fonte tem a intenção de passar uma mensagem ao destino e, para isso, necessita de um meio de comunicação que permita que a mensagem chegue até ele. A fonte aciona o elemento emissor, que tem como função colocar a mensagem no formato adequado (processo de codificação) ao meio físico de comunicação (chamado de canal) que trafegará a mensagem até o receptor, que cumpre o papel inverso ao do emissor, decodificando a mensagem para entendimento do destino (Figura 4.1).

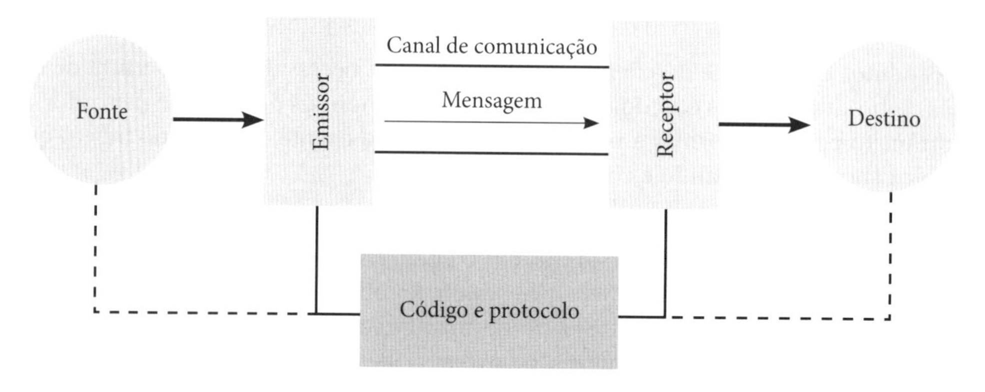

Figura 4.1 Elementos básicos da comunicação.

Para que a comunicação funcione, é necessário que tanto emissor quanto receptor estejam submetidos a um mesmo código e protocolo. O código é o formato da mensagem no canal de comunicação. O protocolo são regras e pré-condições para que a comunicação ocorra. Por exemplo, em uma comunicação por carta, a fonte é a pessoa que escreve a carta e seu correspondente é o destino. O emissor é representado pelo processo de escrita sobre papel. O canal é o sistema de correios. O receptor é o processo de leitura, que decodifica a mensagem escrita em ideias na mente do destinatário. Nesse caso, o código é a linguagem escrita, que deve obedecer às regras gramaticais de um determinado idioma. Obviamente, tanto fonte quanto destino devem conhecer este idioma. Assim, deve haver um acordo prévio em relação ao código e protocolo da comunicação por parte da fonte e do destino (linha pontilhada na figura). O protocolo é representado pelas regras de comunicação postal, que estabelecem que a carta deve ser colocada em um envelope, com endereço de destino correto, remetente e devidamente selada.

Shannon e Weaver criaram esse modelo para a comunicação por telefone, na qual o emissor é o bocal do telefone que codifica a mensagem falada em sinais elétricos (código). O receptor é o fone que decodifica os sinais elétricos em sons. O canal é a rede telefônica e o protocolo o sistema de números telefônicos que identificam os ramos da linha (SPELLERBERG; FEDOR, 2003).

Na internet, o emissor é um computador que codifica a mensagem na forma de pacotes de dados digitais e a transmite para outro computador que funciona como receptor. Assim como na rede telefônica em que cada nó da rede possui um número telefônico, na internet cada nó possui um identificador chamado número IP e as regras de comunicação são definidas pelo protocolo TCP-IP. O ponto chave é que a internet foi projetada para que humanos se comunicassem por meio da rede (Figura 4.2). Assim, as aplicações de comunicação na internet, como o e-mail e a web, foram projetadas para trafegar texto, imagens e demais conteúdos multimídia, ou mesmo arquivos digitais de programas diversos.

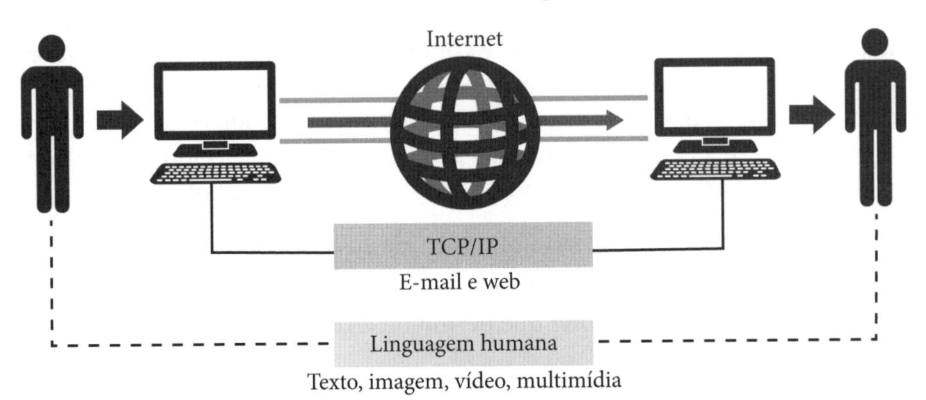

Figura 4.2 Elementos de comunicação da internet.

Na IoT, em vez de humanos, passa-se a ter coisas, que podem ser tanto fonte como destino, ou ambos. Os emissores e receptores podem ser elementos computacionais simplificados, que dispensam os dispositivos de interação humano-computador como *display*, teclado e *mouse*. São as chamadas placas de conexão, que possuem um endereço IP, uma conexão com a rede (por cabo ou *wireless*) e permitem a codificação da mensagem da fonte de acordo com o protocolo TCP-IP. Assim, uma *coisa* como uma máquina em uma fábrica pode se comunicar com outra máquina, desde que estejam de pré-acordo conforme um protocolo de integração (Figura 4.3). Na prática, na implantação de IoT em uma linha de produção, este protocolo de integração pode ser uma grande fonte de dificuldades técnicas, pois máquinas de diferentes fabricantes podem "falar idiomas diferentes".

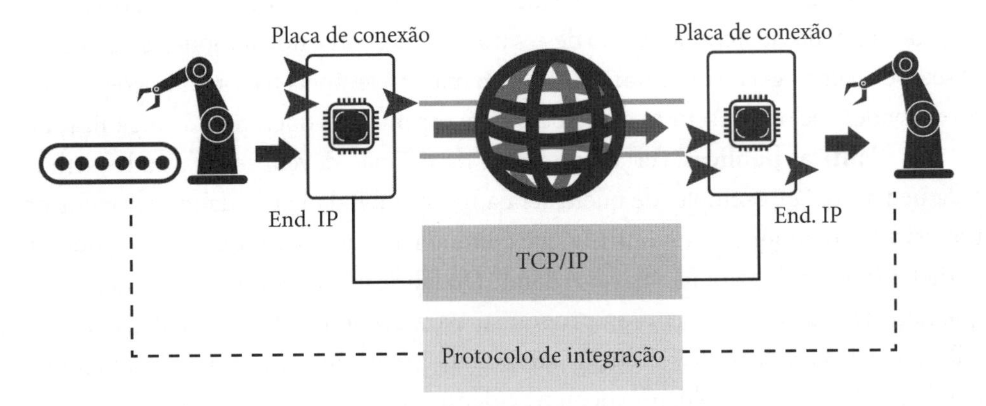

Figura 4.3 Esquema de IoT entre máquinas.

4.3 DESAFIOS E BARREIRAS

Segundo estudo do McKinsey Global Institute (2015), para a IoT atingir o seu máximo impacto econômico, algumas condições deverão ser alcançadas, e vários obstáculos precisam ser superados.

Alguns desses fatores são estruturais e comportamentais, como o consumidor que precisa confiar nos sistemas que têm por base a IoT, assim como as empresas que precisam se alinhar com o foco de basear suas decisões em dados que a IoT propicia. Somam-se a isso aspectos regulatórios que precisarão ser estabelecidos para garantir a privacidade dos usuários da IoT. Assim, temos os seguintes desafios:

- **Tecnologia**: para a adoção em massa da IoT, o preço do *hardware* precisa continuar caindo, bem como o custo de computação e armazenamento de dados. Será preciso desenvolver novos *softwares* que permitam analisar e visualizar esses dados de forma amigável.
- **Interoperabilidade**: para que os dispositivos e os sistemas possam trabalhar em conjunto, de forma harmônica, contudo, apresenta dificuldade em integrar dispositivos e sistemas de fabricantes diferentes para que possam trabalhar em harmonia. Sem a possibilidade desta integração, cerca de 40% do potencial dos benefícios gerados pela IoT não poderá ser atingido.
- **Privacidade e confidencialidade**: os bilhões de aparelhos da IoT irão gerar uma quantidade enorme de dados que precisarão ter garantia de confidencialidade, por isso, deverão ser protegidos de maneira correta.
- **Segurança**: os aparelhos inteligentes, baseados na IoT acabam introduzindo novos riscos, abrindo brechas para acessos não autorizados, precisando ser protegidos.
- **Propriedade intelectual**: a questão é quem terá os direitos de uso dos dados coletados. O usuário? O fabricante do produto inteligente? Quem está controlando?
- **Organização e talento**: será requerida grande capacidade de adaptação das organizações a fim de viabilizar a adoção destes novos processos e novos modelos de negócio. O setor de tecnologia de informações (TI) terá maior relevância nas organizações, contudo dependerá de outros setores para poder bem organizar as operações da organização.
- **Políticas públicas**: certas aplicações da IoT não devem ser realizadas sem regulamentação. Por exemplo, de quem será a responsabilidade por danos causados por um veículo autônomo? Do motorista que confiou na condução autônoma, quando poderia ter interferido para não haver o dano? Do fabricante do automóvel e/ou *software* que não conseguiram prever e/ou programar para evitar aquela situação? De possível falha técnica do sistema de condução autônoma? Ou de um *hacker*, que invadiu o sistema de condução do veículo, provocou o acidente e saiu sem deixar rastro?

A internet das coisas, explicada pelo NIC.br

Há alguns autores, como Moreiras (2014), que concordam com os pontos mencionados e complementam com:

- **Segurança**: a internet atual apresenta baixa segurança, propiciando ataques, invasões de redes, recebimento de mensagens não solicitadas (*spam*), apropriação do seu computador por um terceiro, que passa a realizar tarefas sem que você tenha solicitado, passando comandar o seu equipamento (*botnet*, em inglês), o que pode causar sérios problemas na IoT.
- **Privacidade**: em razão da baixa segurança, os dados podem ser interceptados e concorrentes podem passar a saber tudo sobre a sua empresa, ou até mesmo comandá-la remotamente. Há casos de sequestro de dados, em que o invasor entra em uma rede, captura todos os dados dela e exige o pagamento em alguma moeda transacionada por meio eletrônico, o que, por ser de difícil localização, dificulta a restituição do pagamento efetuado.

Um hotel teve a sua rede invadida, o invasor trancou todas as fechaduras eletrônicas de todos os quartos do hotel, e só liberou a abertura das fechaduras dos quartos quando recebeu a confirmação do pagamento do resgate solicitado.

- **Infraestrutura**: o funcionamento da internet se faz por meio de protocolos, que são combinações de números de forma a estabelecer os endereços de cada nó da rede. Quando se entra na rede por meio do seu provedor de banda larga, combinações numéricas mantém o seu sinal ligado à internet. Chamamos a isso de Protocolo de internet, ou em inglês, *internet protocol* (IP) (ZAMBARDA, 2011).

Como a internet foi pensada para conectar humanos, o número de endereços possíveis no protocolo IP foi estabelecido na ordem de 1 bilhão. Com a IoT espera-se que centenas de bilhões de dispositivos estejam conectados, o que pode levar ao esgotamento da capacidade da internet nos moldes atuais. O que poderá ocorrer a mudança do IPv4 (internet protocol version 4), de 32 bits, usado desde a criação da internet para o IPv6 (internet protocol version 6), de 128 bits.

Com o IPv6, será possível absorver toda essa nova quantidade de objetos inteligentes conectados, de forma quase que ilimitada, melhorando em muito a segurança, e permitindo o aumento da mobilidade (TELECO, [20--]). Já está acontecendo a transição da versão 4 para a versão 6, e os dois sistemas estão funcionando paralelamente. Contudo, como será preciso a troca de todos os roteadores, e acertos do *software* do sistema, essa transição poderá levar mais tempo que o desejado.

Apesar dos problemas apresentados, soluções estão ou irão surgir para minimizá-los, e é preciso que as empresas possam se preparar, ou a falta de competitividade poderá implicar na continuidade das atividades das mesmas.

4.4 IMPLICAÇÕES PARA OS DIVERSOS *STAKEHOLDERS*

De acordo com os estudos do McKinsey Global Institute (2015), além do grande impacto econômico que a IoT irá gerar, ela afetará a sociedade e as organizações, criando novas oportunidades e riscos para os primeiros a adotá-la, e novas oportunidades para os que puderem se antecipar aos seus movimentos.

- **Consumidores**: a IoT oferece benefício substancial aos consumidores, contudo, atrelado a riscos até então desconhecidos. Os custos dos produtos e serviços deverão ser reduzidos, e o consumidor deverá valorizar produtos e serviços que tornem a sua vida mais fácil e diminuam o gasto com o tempo. Várias facilidades serão propiciadas com a IoT, porém, um ponto de preocupação é manter a integração entre os sistemas fornecidos pelas várias empresas, para o consumidor ter facilidade de manuseio, e não saturar o consumidor com a proliferação de novos objetos inteligentes que irão surgir, saturando o consumidor e inibindo-o de novas aquisições.
- **Empresas que adotarem a IoT**: o impacto da adoção da IoT nas várias indústrias será significativo. As empresas precisarão decidir quando e quanto investir para essa adoção. Empresas que adotarem o mais cedo possível a IoT deverão ter a oportunidade de criar vantagem competitiva, como reduções de custos, atingir novos mercados e clientes, aumentar a utilização da capacidade instalada, melhorar a qualidade e outros, contudo, há riscos do investimento ainda estar sendo pago, e nova tecnologia venha a superar esta, a custo de investimento reduzido. Novos modelos de negócio deverão ser criados, assim como deverá surgir maior preocupação com a sustentabilidade dos negócios e ambiental.
- **Fornecedores de tecnologia**: abre-se uma grande oportunidade para os fabricantes e fornecedores de tecnologia, que deverão contar com um número cada vez maior de novos entrantes no mercado gerando novos modelos de negócios.
- **Governo**: terá aspecto importante em conduzir políticas públicas a fim de regulamentar com normas que permitirão o uso e a interoperabilidade dos objetos inteligentes da IoT.
- **Empregados**: assim como nas outras revoluções industriais, eles serão afetados de maneiras diferentes. Algumas funções serão substituídas por máquinas ou deixarão de existir, contudo, abrirá caminho para novos profissionais, vários deles ainda sequer criados.

4.5 CONSIDERAÇÕES FINAIS

A transformação digital de máquinas, veículos e outros objetos do mundo físico trará significativo impacto em toda a sociedade. Novos talentos, novas capacidades, novos modelos de negócio serão necessários, e o impacto disso é difícil de ser estimado.

Muitos fatores ainda precisam ser equacionados para que o pleno potencial da IoT possa ser aproveitado, contudo, é exigida capacidade de adaptação a essa tecnologia tanto por parte das empresas quanto das pessoas.

Entramos em um novo milênio, um novo século se escancara para todos, e as oportunidades se abrem para os que souberem aproveitá-las, e não para os que ficarem tentando opor-se ao progresso.

REFERÊNCIAS

McKINSEY GLOBAL INSTITUTE. *The internet of things*: mapping the value beyond the hype: June 2015: Executive Summary. New York: McKinsey & Company, 2015. Disponível em: <https://www.mckinsey.com/~/media/McKinsey/Business%20Functions/McKinsey%20Digital/Our%20Insights/The%20internet%20of%20Things%20The%20value%20of%20digitizing%20the%20physical%20world/Unlocking_the_potential_of_the_internet_of_Things_Executive_summary.ashx>. Acesso em: 11 jun. 2018.

MOREIRAS, A. M. *A internet das coisas, explicada pelo NIC.br*. Ilustração Tabosa, T., 2014. Disponível em: <https://www.youtube.com/watch?v=jlkvzcG1UMk>. Acesso em: 14 set. 2017.

SPELLERBERG, I. F.; FEDOR, P. J. A tribute to Claude Shannon (1916–2001) and a plea for more rigorous use of species richness, species diversity and the 'Shannon–Wiener'Index. *Global ecology and biogeography*, v. 12, n. 3, p. 177-179, 2003.

TELECO. *Redes IP 1*: Comparativo entre IPv4 e IPv6. [S.l.], [20--]. Disponível em: <http://www.teleco.com.br/tutoriais/tutorialredeip1/pagina_4.asp>. Acesso em: 14 set. 2017.

WITKOWSKI, K. Internet of things, big data, Industry 4.0: innovative solutions in logistics and supply chains management. *Procedia Engineering*, Amsterdam, v. 182, 2017, p. 763-769. Disponível em: <https://www.sciencedirect.com/science/article/pii/S1877705817313346>. Acesso em: 11 jun. 2018.

ZAMBARDA, P. Entenda o IPv4 e o IPv6, 2011. *Techtudo*, 10 fev. 2011. Disponível em: <http://www.techtudo.com.br/artigos/noticia/2011/02/um-pequeno-guia-sobre--ipv4-e-ipv6.html>. Acesso em: 14 set. 2017.

CAPÍTULO 5
INTERNET DE SERVIÇOS (IOS)

Jacqueline Zonichenn Reis

Rodrigo Franco Gonçalves

Márcia Terra da Silva

Walter Cardoso Sátyro

5.1 INTRODUÇÃO – O QUE É SERVIÇO?

O conceito de internet de serviços (IoS) complementa os demais elementos básicos da Indústria 4.0 trazendo como tema central o termo "serviço". Isso torna a discussão um tanto complexa já que serviço pode ter significados diferentes dependendo do contexto.

Para produtores de *software* um serviço pode ser um elemento de *software* disponível na internet com uma interface definida (SORIANO et al., 2013); uma plataforma utilizada para pagamentos de produtos comprados pela web; ou, ainda, parte de uma infraestrutura como uma máquina virtual onde dados são armazenados, ao que chamamos nuvem (MORENO-VOZMEDIANO; MONTERO; LLORENTE, 2011).

No entanto, o conceito de serviços vem muito antes de qualquer envolvimento com a internet ou com a indústria de *software*. Um serviço pode ser definido como uma mudança na condição de uma pessoa ou de um bem, resultante da atividade de uma organização e com acordo prévio do beneficiário desta mudança (HILL, 1999).

Um paciente é atendido por um médico. Para o paciente, o resultado intangível é a recuperação da saúde e da capacidade de manter suas atividades normais. O processo de atendimento pode ter equipamentos, instalações e objetos, mas resulta em algo valorizado e intangível para quem o recebe. Um passageiro faz uma reserva e recebe seu cartão de embarque para um voo. Também aqui se entende que o resultado final da reserva não é o *ticket*, fisicamente um pedaço de papel que o passageiro recebe, mas o acesso ao avião e a viagem até o local de destino. Quando um motorista tem sua carteira de habilitação emitida, o resultado final não é a carteira que recebe do órgão de trânsito, mas a certificação de que está capacitado para seguir as leis de trânsito e habilitado para dirigir um automóvel, o que torna as ruas mais seguras para os cidadãos. Esses exemplos ilustram os serviços oferecidos por empresas, mesmo que os seus resultados finais incluam produtos físicos além de mudanças intangíveis nas condições dos beneficiários.

Quanto ao processo pelo qual o serviço é criado, ele pode ser realizado por um processo físico, tangível, ou por um processo intangível, voltado para o conhecimento, para os sentidos ou para as emoções do beneficiário. A intangibilidade dos serviços se refere, em geral, ao resultado que o cliente deseja. O processo físico pode ser exemplificado por um cabeleireiro que corta e penteia os cabelos do cliente. No processo, o cliente é fisicamente modificado e como resultado ele se sente mais arrumado ou bonito.

Já em um curso de idioma, o processo é baseado na troca de informações e de conhecimentos. Para esse serviço não basta o cliente aceitar passivamente as ações do prestador de serviço – ele precisa investir tempo e esforço para mudar seu nível de conhecimento da língua. Por outro lado, não é necessário o contato físico entre o prestador do serviço e o cliente – mesmo a distância ele pode obter as informações, e com o seu esforço mental, se apropriar das habilidades desejadas. Esse exemplo retrata um serviço de educação, mas essa categoria de processo intangível compreende uma série de serviços baseados no processamento de estímulo mental, como o serviço de notícias, a psicoterapia e o entretenimento. Muitos dos serviços dessa categoria, que dependem mais da transmissão de informação são fundamentados na ideia de *conectividade*.

Também chamamos de intangível o processo de serviços baseados em informações, como serviços bancários e de seguros, pesquisa e serviços jurídicos. Esse tipo de serviço é o mais afetado pelos avanços na tecnologia de informação.

Os serviços possuem qualidades bem mais subjetivas que os produtos, como pontualidade, cordialidade, coerência do que foi pedido com o que foi realmente entregue, o que de fato associa o serviço ao fator tempo. A qualidade de um serviço é percebida no momento em que ele é entregue, não antes da compra. Essas características contribuem para a facilidade de se utilizar um meio virtual como a internet para operar serviços. O serviço já é uma experiência intrinsecamente intangível e também em tempo real. A IoS deverá estimular a inovação, sendo um instrumento que irá viabilizar uma economia baseada em serviços (ZIMMERMANN, 2014), e não mais em produtos.

5.2 ECONOMIA DE SERVIÇOS

O setor de serviços é um dos que mais cresce mundialmente e responde por mais de 70% do PIB nas economias desenvolvidas. A transformação das economias baseadas em produtos nas chamadas economias de serviços é muito importante para países de alta renda, como Alemanha, Estados Unidos, entre outros. Como principais causas têm-se: (a) produtos facilmente se transformam em *commodities* com muito baixa margem de lucro; (b) altos salários pagos geram altos custos de produção; (c) competição feroz de potências emergentes na Ásia, mas também na América do Sul, por exemplo; e, (d) eventualmente, mudanças sociais e econômicas que forçam as pessoas e as empresas a se concentrarem em outra *expertise* e em outras necessidades de conhecimento e mão de obra mais especializadas (SORIANO et al., 2013).

Mas se os serviços estão presentes em nossas vidas diárias há anos e se o poder real que os serviços exercem vai muito além das indústrias de TI, telecom e *software*, por que internet de serviços? O ponto fundamental é que conectividade permitida pela internet potencializa os serviços baseados em informação.

Como foi visto, uma parcela grande dos serviços é baseada em informação, tanto o processamento de estímulo mental como o de processamento de informação. Esse tipo de serviço pode ser feito a distância. E mesmo aqueles que processam clientes e/ou suas posses têm etapas que podem ser executadas a distância. Além disso, a IoS se aplica também a manufaturas e diz respeito à inclusão do cliente na rede de informações.

O principal objetivo da IoS é apresentar tudo em forma de serviço na internet, incluindo aplicativos, plataformas para se desenvolver *softwares* e até a própria infraestrutura que hoje conhecemos fisicamente como CPU, memória, redes etc. São respectivamente o que chamamos nos termos técnicos em inglês de *software-as-a-service* (SaaS), *platform-as-a-service* (PaaS) e *infra-structure-as-a-service* (IaaS) (MORENO--VOZMEDIANO; MONTERO; LLORENTE, 2011). Nesse cenário, novos modelos de provisionamento de serviços podem ser explorados muito mais facilmente, como serviços colaborativos, sob demanda, *pay per use* (pago pelo uso).

5.3 SERVITIZAÇÃO: PRODUTOS TORNAM-SE SERVIÇOS

Muitas empresas adotam a servitização como estratégia de negócios, o que significa vender serviços originários de seus produtos em vez do produto em si. A Xerox foi uma das pioneiras nesse modelo de negócio, cobrando por cópia tirada em suas máquinas copiadoras, colocadas à disposição nas organizações clientes, que não mais comprariam a máquina. A grande vantagem está no fato de que o cliente deseja de fato a cópia e não a máquina. Além disso, uma vez que o serviço é intangível, o custo de criar novos modelos de serviços ou customizá-los à necessidade do cliente é muito menor do que o custo de criar o produto físico. Assim, pode-se, a partir de uma mesma máquina copiadora, oferecer diferentes planos ou modalidades de serviços ao cliente, cobrando por um número fixo de cópias por mês, um adicional por cópia etc.

Outro exemplo é a Rolls-Royce, que oferece o serviço de impulsão de suas turbinas de avião às companhias aéreas ou fabricantes de aeronaves em vez de vender a turbina. Com o avanço de tecnologias de telemetria, torna-se possível, nesse caso, criar planos de serviço cobrando-se tanto por unidade de empuxo gerado como por tempo de serviço. A IBM também oferece serviços de suas plataformas computacionais de grande porte, cobrando por ciclos de CPU em vez de vender o computador ao cliente. Assim, CPUs inativas pré-instaladas

What is
Servitization?

em um computador podem ser ativadas online à medida em que o cliente adere, conforme sua necessidade, a planos de expansão da capacidade de processamento contratada. A plataforma de computação cognitiva Watson da IBM também pode ser acessada e contratada online como serviço, sem a necessidade de instalação de máquinas físicas.

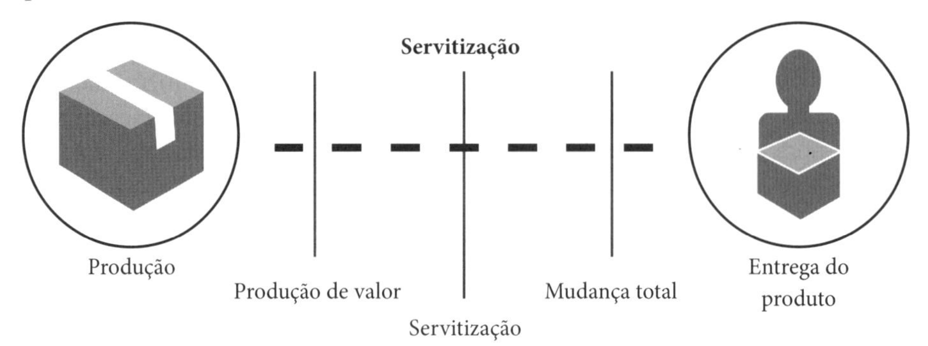

Figura 5.1 Servitização.

Uma empresa montadora de tratores adicionou o serviço de soluções de gestão e apoio aos agricultores, assim, seus tratores podem ser dotados de equipamentos que propiciem o monitoramento do plantio, e, quando da colheita de grãos, monitorem a produtividade e umidade do grão, dentre outros serviços a mais.

Outro exemplo de mudança de negócio foi uma fabricante de lâmpadas de origem europeia, que, sofrendo concorrência de fabricantes de lâmpadas estabelecidos em países de baixo custo, passou a oferecer serviço de conservação e manutenção das lâmpadas de aeroportos, responsabilizando-se totalmente pela iluminação, impedindo, assim, o avanço da concorrência.

Com a expressiva utilização da tecnologia digital, essa servitização, ou oferta de pacotes combinados de produtos e serviços, só cresceu. Os produtos estão sendo ofertados em combos que já incluem manutenção, peças de reposição e SLA, do inglês *service level agreement*, que é um termo de compromisso do nível de serviço, seja do tempo de resposta em manutenção ou da própria *performance* do produto.

5.4 INTERNET DE SERVIÇOS

Novos serviços surgem da convergência entre o mundo real e a tecnologia digital. A esse novo campo de aplicação, possibilitado pela internet, dá-se o nome de internet de serviços. Os serviços gerados pela IoS são vários, e, a cada ano, mais serviços são criados pelas empresas para resolver necessidades e atender aos desejos do consumidor. Por sua vez, os consumidores procurarão cada vez mais novos serviços que possam facilitar a sua vida.

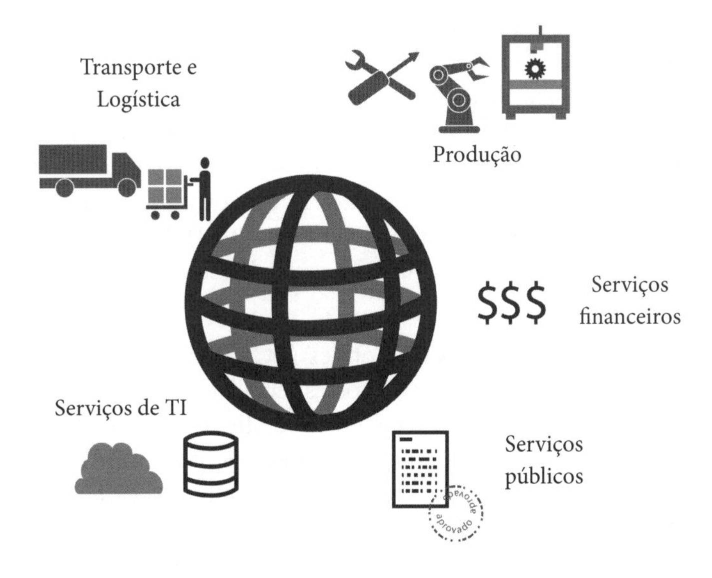

Figura 5.2 Internet de serviços.

A IoS pode ser definida como uma nova forma de se relacionar com o público interessado, que pode afetar ou ser afetado por determinada organização (*stakeholders*), e também com os objetos inteligentes, oferecendo novas formas de serviços, que podem ser encontrados, contratados, usados e remunerados online, transformando modelos de negócio (SÁTYRO et al., 2017).

Com a interação cada vez maior entre cliente, empresa, produção, automatização e informatização, quando uma linha de produção apresentar ociosidade, ela poderá vender horas de produção para outras empresas, pela internet, ou, ao contrário, quando precisar de mais recursos para produção, poderá buscar e alocar novos recursos produtivos, procurando manter a linha de produção operando em seu nível mais produtivo possível.

O projeto da IoS deverá levar em consideração o seu significado não só para as pessoas que o acessam como também aos objetos inteligentes que igualmente o irão acessar.

Usuários também poderão criar serviços, seja oferecendo novos serviços, ou mesmo por combinação dos já disponíveis, pois os sites e aplicativos deverão ser cada vez mais interativos e amigáveis, não sendo necessário para isso muito conhecimento técnico. Surgirão, assim, novos modelos de negócio, novas formas de comércio eletrônico e soluções de serviços.

À medida que os custos de *hardware* e *software* caem e o acesso à internet cresce, maior deverá ser a quantidade de usuários acessando serviços de várias partes do mundo.

Com a internet de serviços, novos empregos podem ser gerados enquanto outros deixam de existir, como nas outras revoluções industriais. Contudo, a IoS pode ser uma via catalizadora para alocação da mão de obra funcionalmente ociosa. Ela pode, por exemplo, viabilizar a volta da manufatura artesanal. O artesão produz um produto especializado, e a venda é feita pela internet de serviços, que viabiliza o negócio. Pequenos produtores poderão se associar para vender e/ou comprar em grande quantidade, tornando-os competitivos (LINTON; JAOKAR, 2014). Pessoas criativas, inovadoras e com talento serão valorizadas, tornando-se verdadeiras moedas vivas e ativos importantes na internet de serviços.

No Brasil, a Fiat Chrysler Automobiles (FCA) criou um espaço de trabalho, em que profissionais da montadora, e outros especialistas contratados, monitoram quando consumidores buscam conhecer algum detalhe do carro fabricado, por exemplo, consumo de combustível. Assim que o interesse do consumidor é identificado, o publicitário do setor de criação produz peça publicitária específica, para tentar mostrar a vantagem do consumo de combustível do veículo pesquisado, com o objetivo de encantar o cliente e conduzi-lo à compra do veículo (LEITE, 2017).

No Brasil, por volta de 90% dos consumidores que compram carros pesquisam na internet antes de irem às lojas. Pesquisas mostraram que 60% dos clientes que vão às lojas para a compra do carro, já sabem o veículo que desejam comprar. Dessa forma, ante a mudança do perfil do consumidor, agora mais bem informado por um serviço oferecido pela internet, gerado por diversos agentes econômicos, como Google, sites especializados nos mais diversos assuntos e outros, é preciso procurar encantar o consumidor antes da sua ida à loja, enquanto ainda pesquisa para posteriormente efetivar a compra (LEITE, 2017).

Isso é um exemplo da necessidade de novos profissionais, e da mudança na concepção do *design* dos sites. A IoS tem capacidade de alavancar o potencial comercial das empresas, trazendo novas oportunidades de negócios, o que requer infraestrutura apropriada que lhe dê apoio.

Para que a IoS na indústria venha a transformar a cadeia de valor e traga o surgimento de novos modelos de negócio, além da indústria tomar por base o paradigma de produção da Indústria 4.0 com a produção inteligente, também é preciso ter na indústria sistemas logísticos inteligentes, redes de empresas inteligentes, tudo ligado direta ou indiretamente à produção concebida com base no mesmo paradigma (KAGERMANN; WAHLSTER; HELBIG, 2013).

As preocupações da IoS com relação à privacidade e infraestrutura são as mesmas que a internet das coisas (IoT), contudo o aspecto da segurança é crítico, pois os negócios serão pagos por sistemas online, e é preciso que o consumidor possa ter segurança de que os dados de seu meio de pagamento não serão interceptados e usados inadvertidamente.

Figura 5.3 Internet de serviços.

5.5 FUNDAMENTOS TÉCNICOS

Esta seção busca oferecer alguns elementos técnicos necessários para compreender o que faz da IoS algo novo, diferente de uma mera transposição para o ambiente virtual de modelos de negócio do mundo físico.A base tecnológica sobre a qual se assenta a IoS é formada pelos seguintes elementos:

- Componente de software: um componente de software é um pacote fechado de funcionalidades executadas por um software com a qual o ambiente externo, que pode ser um usuário humano, um equipamento de hardware ou mesmo outro software, só se comunica a partir de um conjunto limitado e bem definido de entradas e saídas denominadas funções. O componente oferece funções ao ambiente externo que são chamadas parâmetros (entrada de dados no componente). O componente devolve como saída o resultado do processamento dessa função. Por exemplo, um componente de saldo bancário, pode retornar o saldo de conta corrente de um cliente de banco tendo somente como entrada o número da agência e conta deste cliente (parâmetros).
- O ponto fundamental é que o componente é uma caixa preta, ou seja, não há necessidade de conhecermos como ele funciona, apenas o que ele faz (suas funções) e quais os parâmetros de chamada de suas funções.
- Web services: os web services são uma tecnologia desenvolvida no início dos anos 2000 baseada em componentes acessíveis e chamados via web. O conceito é que um serviço de processamento de informação pode ser chamado via web com os parâmetros adequados e o resultado é entregue on-line em tempo real. Os web services podem ser acessados por sites na web, para executarem funções específicas. Um exemplo bem conhecido é o preenchimento automático de um campo de endereço em um formulário a partir do CEP. Trata-se de um web service oferecido pelos Correios. O site em questão

tem um acordo de uso deste web service com os Correios, de forma que toda vez que um usuário preenche o campo CEP de um formulário, este parâmetro é enviado ao web service dos Correios que retorna o endereço correspondente. Outras características fundamentais dos web services que são estruturantes para a IoS é a tríade básica de descrição do serviço, descoberta do serviço e entrega do serviço (em inglês, é conhecida por tríade SD – service description, service discovering e service delivery) (W3C, 2004).

Service description: a cada web service é associada uma descrição que informa o que o serviço faz e como chamar suas funções. Uma linguagem padrão universal (WSDL – web services description language) permite a descrição do serviço de forma que esta pode ser entendida tanto por humanos como por máquinas. A WSDL também descreve como esse serviço pode ser contratado.

Service discovering: a partir de sua WSDL, um serviço pode ser descoberto automaticamente por meio da internet e contratado. É uma forma muito evoluída de páginas amarelas, em que serviços podem ser automaticamente descobertos e contratados por máquinas.

Service delivery: é a entrega efetiva do resultado da função do serviço para o cliente. No caso, o cliente é qualquer usuário humano, software ou equipamento que chamou o serviço. Na entrega ocorre também o fechamento do acordo de uso contratado, envolvendo remuneração no caso de web services não gratuitos.

- Arquitetura orientada a serviços (SOA – service oriented archtecture): é uma forma de projetar e construir um conjunto de aplicações de Tecnologia da Informação em que os componentes das aplicações e web services disponibilizam suas funções em um mesmo canal de acesso, para serem utilizados reciprocamente. Novas aplicações podem ser montadas a partir de componentes e web services disponíveis, como um Lego. Como metáfora, pode-se lembrar de um shopping de serviços, no qual vários serviços como alimentação, chaveiro, conserto de celulares, ajuste e reparos de roupas e calçados são oferecidos em um mesmo local físico, facilitando o acesso do cliente.

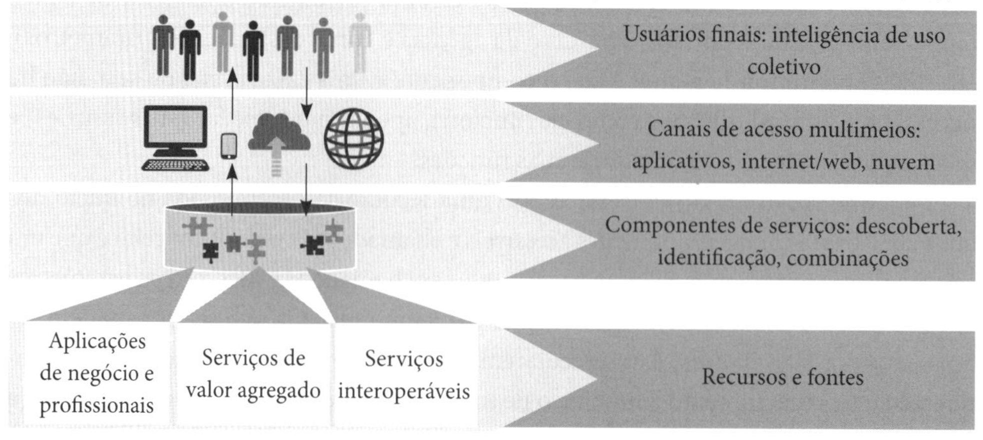

Figura 5.4 Arquitetura básica da internet de serviços. Fonte: adaptada de Schroth e Janner (2007).

A internet de serviços baseia-se nesses fundamentos técnicos para operar e gerar valor. No caso da Indústria 4.0, as funções industriais requeridas em uma linha de produção podem ser demandadas online e em tempo real. Por exemplo, o serviço de um robô móvel pode ser requerido para entregar um componente mecânico em um ponto da linha; uma chamada de reposição de lubrificante em um centro de usinagem pode ser demandada em tempo de uso, sem interrupção da linha; um cliente pode solicitar um opcional em um carro à medida em que este está na linha etc. Com base na tríade SD (*service description*, *service discovering* e *service delivery)* serviços de utilidade industrial podem ser oferecidos, descobertos, contratados e realizados via internet ao longo de toda a cadeia de valor.

PlumChoice: The Internet of Services

A Figura 5.1 ilustra nas camadas inferiores como os diferentes componentes de serviços podem ser acessados e descobertos para então compor as diversas aplicações e *web services*. Esses, por sua vez, serão entregues aos clientes pelas mais variadas mídias.

Importante ressaltar na figura as setas indicando uma via de mão dupla que temos nesse ambiente de internet de serviços. Significa que os clientes por meio dos seus requisitos personalizados podem fomentar a base de *web services* com novas aplicações e novas combinações desses componentes, que depois poderão então ser descobertos mais facilmente em novos acessos e assim sucessivamente.

5.6 INTERNET DE SERVIÇOS E A SOCIEDADE

O impacto dos objetos inteligentes e a sociedade interligada pela internet trazem não só um novo paradigma de produção, a Indústria 4.0, mas também o surgimento de uma nova sociedade.O Fórum Europeu de Internet chama essa nova sociedade de "sociedade do conhecimento", na qual a habilidade para se manter continuamente conectada ao mundo real, medindo e interpretando - ou seja "conhecendo" - e virtualmente reagindo a qualquer fenômeno ou condição exterior, a qualquer tempo, por meio da análise e captura contínua de dados, torna-se a fonte primária da economia, sociedade e poder político em qualquer escala (LINTON; JAOKAR, 2014).

Uma das características da sociedade do conhecimento é a capacidade de externar a sua opinião ou a sua experiência de compra, agora em escala global. Uma insatisfação quanto a um produto e/ou serviço lançado nas redes sociais pode gerar impactos negativos inimagináveis para toda a organização que o ofertou, já que a internet amplifica esse poder do consumidor, não são só pelas redes sociais, mas também por meio dos objetos inteligentes. Imagine que um consumidor insatisfeito com algum item de um carro recém-comprado reclame em algum fórum social. Os objetos inteligentes poderão ser alertados pelo próprio site do fórum social, multiplicando os canais de propagação dessa opinião e alcançando toda a internet.

Figura 5.5 Internet de serviços (IoS).

Daí o nome sociedade do conhecimento, na qual os fatos serão amplamente divulgados, e a sociedade tomará conhecimento de várias formas, para tornar a sua experiência de vida a mais agradável possível. O empreendedor de sucesso será aquele que tiver despertado para essa nova realidade da sociedade e souber se adaptar, provendo produtos e serviços para um mundo cada vez mais conectado e participativo.

REFERÊNCIAS

AULETE DIGITAL. *Escabilidade*. Rio de Janeiro: Lexicon, 2012. Disponível em: <http://www.aulete.com.br/escalabilidade>. Acesso em: 15 set. 2017.

BUXMANN, P.; HESS, T.; RUGGABER, R. Internet of Services. *BISE – Business & Information Systems Engineering*, p. 1-2, 2009.

HILL, P. Tangibles, intangibles and services: a new taxonomy for the classification of output. *Canadian Journal of Economics Revue Canadienne d'Économique*, Toronto, v. 32, n. 2, p. 426-447, 1999.

KAGERMANN, H.; WAHLSTER, W.; HELBIG, J. Securing the future of German manufacturing industry: recommendations for implementing the strategic initiative INDUSTRIE 4.0: final report of the Industrie 4.0 Working Group. Frankfurt: Acatech, 2013. Disponível em: <http://www.acatech.de/fileadmin/user_upload/Baumstruktur_nach_Website/Acatech/root/de/Material_fuer_Sonderseiten/Industrie_4.0/Final_report__Industrie_4.0_accessible.pdf>.Acesso em: 11 jun. 2018.

LEITE, J. Uma fábrica de conteúdo para fisgar o consumidor: FCA cria departamento para monitorar cliente virtual. *AutomotiveBusiness*, São Paulo, 6 set. 2017. Disponível em: <http://www.automotivebusiness.com.br/artigo/1504/uma-fabrica-de-conteudo-para-fisgar-o-consumidor?utm_source=akna&utm_medium=email&utm_campaign=Newsletter +Automotive+Business+-+15SET17>. Acesso em: 15 set. 2017.

LINTON, P.; JAOKAR, A. *The digital world in 2030*: What place for Europe?. Brussels: European Internet Forum, 2014. Disponível em: <https://www.eifonline.org/digitalworld2030.html>.Acesso em: 11 jun. 2018.

MORENO-VOZMEDIANO R.; MONTERO R. S.; LLORENTE, I. M. Key challenges in cloud computing: enabling the future internet of services. *IEEE Journals & Magazine*, 2011.

SÁTYRO, W. C. et al. Industry 4.0: evolution of the research at the APMS Conference. In: IFIP International Conference on Advances in Production Management Systems. APMS 2017: advances in production management systems. The path to intelligent, collaborative and sustainable manufacturing, 2017. p. 39-47.

SCHROTH, C.; JANNER, T. Web 2.0 and SOA: converging concepts enabling the internet of services. *IT Professional*, Los Alamitos, v. 9, n. 3, p. 36-41, 2007.

SORIANO J. et al. Internet of services. In: BERTIN, E.; CRESPI, N.; MAGEDANZ, T. (Ed.). Evolution of telecommunication services. Berlin: Springer-Verlag, 2013. p. 283-323.

W3C - WORLD WIDE WEB CONSORTIUM. *Web services architecture*, 2004. Disponível em: <https://www.w3.org/TR/ws-arch/>. Acesso em: 10 out. 2017.

ZIMMERMANN, R. *SOA4All in the future internet of services.* 2014. Disponível em: <https://www.youtube.com/watch?v=7ia8Fg8BDbQ>. Acesso em: 15 set. 2017.

CAPÍTULO 6
ELEMENTOS ESTRUTURANTES DA INDÚSTRIA 4.0

Elisângela Mônaco de Moraes

Walter Cardoso Sátyro

6.1 INTRODUÇÃO

Os elementos estruturantes da Indústria 4.0 são aqui caracterizados como aqueles que propiciam o funcionamento desse novo paradigma de produção, com toda a sua funcionalidade, sendo assim considerados como seus pilares. Este capítulo classificará em suas seções alguns desses elementos.

6.2 AUTOMAÇÃO E COMUNICAÇÃO MÁQUINA A MÁQUINA

O conceito de automação já foi visto no Capítulo 2, item 2.4.2.1, definido como a realização de tarefas sem a intervenção humana, com equipamentos que funcionam sozinhos e possuem a capacidade de controlar a si próprios, a partir de condições e/ou instruções preestabelecidas.

A comunicação máquina a máquina ou, em inglês, *machine to machine* (M2M), é definida como a comunicação máquina a máquina ou, em inglês, *machine to machine* (M2M). A M2M é definida como a comunicação entre máquinas que permite às máquinas e/ou equipamentos trocarem informações e dados entre si, de forma autônoma, ou seja, sem a interferência humana.

What is M2M? Enter the World of Machine to Machine

6.2.1 M2M NA PRODUÇÃO

A M2M na produção é entendida como a comunicação entre máquinas que permite aos equipamentos ou máquinas da linha de produção trocarem informações e dados entre si, de forma autônoma, com o objetivo de produzir o produto da forma mais competitiva possível, dentro do tempo e qualidade requerido e/ou contratado com o cliente.

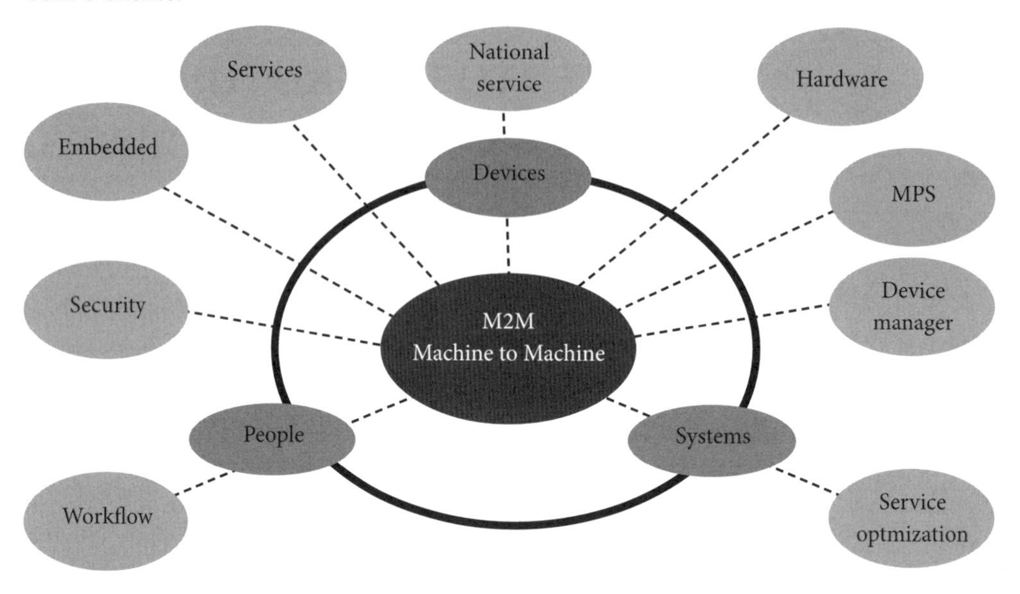

Figura 6.1 M2M – Comunicação máquina a máquina.

Apesar de a comunicação ser feita entre máquinas, de forma autônoma, a todo instante estas podem ser monitoradas pelas pessoas interessadas sobre o andamento da linha de produção, em tempo real; chama-se a isso, comunicação máquina a humanos, em inglês, *machine-to-human*, abreviada como M2H.

Assim, tanto o pessoal da fábrica pode ter uma noção exata da produção, quanto um cliente pode ficar sabendo em que fase da produção seu pedido está, a previsão da conclusão da produção e prazo de entrega.

Na M2M, dependendo da configuração do sistema, o transporte pode ser contratado também de forma autônoma, dentre os operadores logísticos previamente classificados, para a retirada e entrega da mercadoria, na cadeia a jusante, ou na entrega de suprimentos *just-in-time* diretamente para o equipamento ou posto solicitante, na cadeia a montante.

Por sua vez, o sistema do cliente também pode conversar autonomamente com o sistema da fábrica, de forma a agendarem o melhor horário de entrega do produto, evitando-se as filas de inumeráveis carretas à porta de determinadas empresas, atrapalhando ainda mais o trânsito, consumindo recursos do entregador, que precisa ter mais carretas que o necessário para a entrega das mercadorias, já que muitas ficarão paradas aguardando a ordem de descarga. Quando não poluindo desnecessariamente ainda mais o ambiente, com motoristas sem treinamento que deixam as suas carretas com o motor indefinidamente ligado, embora paradas na fila.

Na era da Indústria 4.0, os produtos passam a ser dotados de identificadores, como códigos de barra, ou etiquetas de RFID, que após passarem por *scanners*, enviam as informações relevantes para os equipamentos de produção, que conduzem o produto a passar pela linha de produção de forma a executar as sequências de operações necessárias à fabricação daquele produto, da forma mais econômica, sem interferência humana (SOMMER, 2015).

Dessa forma, o trabalho do planejamento e controle de produção é reduzido, que aliviado das tarefas rotineiras, pode se envolver com questões de maior relevância para o ambiente de produção. As máquinas ou equipamentos podem ter sistemas de detecção de falhas, de forma a procurar prever falhas ou quebras, e também de forma autônoma, chamar a manutenção quando necessário (HWANG, 2016).

Dessa feita, a linha de produção pode reagir a uma falha e/ou quebra de máquina ou equipamento, rearranjando a linha de produção, para produzir itens que não precisem passar por aquela máquina ou equipamento, ou mesmo redirecionando o produto para passar em outra máquina (HERMANN; PENTEK; OTTO, 2015). O mesmo procedimento pode ser adotado em caso de falta de matéria-prima, por falha do fornecedor. O sistema do fornecedor avisa sobre a impossibilidade de fornecer algum item, o sistema da fábrica na Indústria 4.0 reprograma a produção de forma a procurar minimizar a falta de matéria-prima e, dependendo da configuração do sistema, já envia a informação de possível atraso na entrega, para o cliente final.

É possível que o sistema venha a ser programado de forma a ele mesmo procurar outro fornecedor em condições de fornecer um item faltante, quando o sistema da fábrica passa a conversar com os sistemas de outros fornecedores, para tentar minimizar a falta de matéria-prima.

Nesse último caso, uma vez encontrado um fornecedor substituto, o sistema avisa a pessoa responsável pelo abastecimento da empresa, que então passa às negociações para o fornecimento. Além do conceito de comunicação entre equipamentos de produção, há o conceito da M2M usada nos objetos dotados de internet das coisas (IoT).

6.2.2 M2M E A INTERNET DAS COISAS

Com a interligação entre os vários equipamentos dotados de capacidade de transferência de dados e informações, a M2M é considerada a capacidade de intercomunicação entre eles, entre as "coisas", ou seja, equipamentos, máquinas ou objetos físicos dotados de internet das coisas (IoT).

Por exemplo, importante reunião em outro Estado precisou ser desmarcada. Ao ser desmarcada, equipamentos dotados de internet das coisas se interconectam e, pela capacidade de intercomunicação, conhecida como M2M, comunicam o cancelamento da mesma.

Sua agenda inteligente recebe a informação, procede ao cancelamento daquela atividade, e entra em contato com você para avisar do fato, e sugerir alterações em sua agenda pessoal, ao mesmo tempo em que procura cancelar as atividades relacionadas àquela reunião. Dessa forma, um dispositivo móvel, como celular, tablete, notebook ou mesmo fixo, como *desktop* pode pedir permissão a você para desmarcar ou postergar as passagens aéreas compradas, aluguel de carro, reserva de hotel, e outros, se for o caso.

Figura 6.2 Atuação da M2M.

Sua agenda inteligente poderá informar ao seu despertador inteligente que você não precisará mais acordar tão cedo naquele dia, pois a reunião foi desmarcada, seu voo foi cancelado ou postergado, e também avisá-lo das alterações que estão sendo feitas, pois a finalidade é que as máquinas ajudem o ser humano a se controlar e não o contrário.

Outro exemplo é você poder ser avisado que o produto que estava procurando para comprar entrou em oferta em determinada loja, e outras coisas mais, graças à capacidade de intercomunicação entre o mundo digital e o real, a M2M.

6.3 INTELIGÊNCIA ARTIFICIAL

Quando se fala em inteligência artificial, para alguns vem à mente o robô Hal 9000, do filme *2001: uma odisseia no espaço*, lançado em 1968, que assume o controle total de uma nave espacial e descobre que tramam seu desligamento lendo os lábios dos astronautas que planejavam isso trancados em uma repartição da nave onde o robô não podia ouvi-los, vindo, assim, a criar uma série de dificuldades para o seu desligamento. *Frankenstein*, um romance escrito por Mary Shelley, em 1818, trata de um humanoide criado por um cientista, que fugiu ao controle de seu criador. Tirando as obras de ficção, de forma geral, a inteligência artificial ou, em inglês, *artificial intelligence* (AI), é o estudo de dispositivos e sistemas computacionais feitos para interagir com as pessoas, de maneira que poderíamos ser inclinados a dizer que sejam inteligentes (BERKELEY, 1997).

A associação entre computação e inteligência foi criada em 1950, fruto do artigo acadêmico intitulado *computing machinery and intelligence* (computação de máquinas e inteligência), escrito por A. M. Turing. Em 1956, o professor universitário John McCarthy criou o termo *inteligência artificial*, para ilustrar um mundo em que as máquinas resolveriam os problemas que são resolvidos apenas pelos seres humano (BERKELEY, 1997).

Figura 6.3 Inteligência artificial.

Assim como as máquinas aumentaram a capacidade de produção do homem, a tecnologia da informação procura aumentar a capacidade de os computadores ajudarem o ser humano a resolver problemas cada vez mais complexos. Dessa forma, a inteligência artificial procura obter respostas de forma cada vez mais inteligente, rápida e intuitiva (SALESFORCE, 2016).

Inteligência artificial é a área da ciência da computação que estuda a criação de máquinas inteligentes, que agem e reagem de forma muito parecida a de seres humanos. Computadores dotados de inteligência artificial são projetados para incluir alguma das atividades:

- reconhecimento de voz;
- aprendizagem;
- planejamento;
- resolução de problemas (TECHOPEDIA, 2016).
- Máquinas inteligentes usam a inteligência artificial, tornando-se parte essencial da indústria de tecnologia.

Os principais problemas de inteligência artificial incluem a programação de computadores para adquirirem determinadas habilidades, como:

- **Engenharia do conhecimento:** para agirem ou reagirem como seres humanos, as máquinas precisam de abundantes fontes de informação sobre o mundo. Portanto é preciso que a inteligência artificial tenha acesso a várias fontes do saber, e possa correlacioná-los. Levar essa massa de dados para as máquinas é tarefa difícil e demorada.

- **Aprendizado de máquina ou, em inglês, machine learning:** determina como a máquina irá aprender. Aprendizado sem qualquer supervisão requer habilidade para identificar padrões em fluxos de entrada, porém aprendizado com supervisão envolve classificações e regressões numéricas. As classificações determinam a categoria a que um objeto pertence e a regressão trata de obter um conjunto numérico de entradas ou exemplos de saídas.

Automação industrial com Inteligência Artificial

- **Percepção da máquina**: trata-se da capacidade do uso de sensores de entrada para identificar os diferentes aspectos do mundo, enquanto visão computacional é a capacidade de analisar entradas visuais, dificultada, contudo, pelas diferentes expressões faciais, reconhecimento de gestos e objetos.
- **Robótica**: requer o uso de inteligência artificial para realizar suas atividades, além da resolução dos problemas associados a localização, planejamento de movimentação e mapeamento do local (TECHOPEDIA, 2016).

A inteligência artificial deverá servir de base para que toda essa massa de objetos inteligentes possa se integrar, de forma harmônica, a fim de facilitar a vida dos seres humanos.

6.3.1 UM CASO DE APLICAÇÃO DE INTELIGÊNCIA ARTIFICIAL

Concebido pelo cientista da computação Chris Welty, o computador IBM® Watson é considerado o primeiro supercomputador do mundo a realizar seu processamento utilizando inteligência artificial (IBM, 2017a). Tem 15 × 1.012 bytes de memória, equivalente a 5.000 computadores juntos, fica localizado fisicamente em Yorktown Heights, em Nova York, nos Estados Unidos. Contudo, pode ser acessado, pela nuvem, de qualquer parte do mundo (BOCARDI, 2011).

Levou-se quatro anos para desenvolver o Watson, lançado em 2011, de forma que pudesse entender as perguntas formuladas pelas pessoas, procurar as respostas em livros, artigos científicos, periódicos e outros, e responder à pergunta formulada, com várias alternativas de respostas, informando ao lado de cada resposta a probabilidade da margem de acerto (BOCARDI, 2011). Quando a probabilidade de acerto é menor que 50%, o computador informa não saber responder à pergunta formulada, sendo o tempo máximo de resposta de três segundos (IEEE, 2012).

O Watson é capaz de entender as perguntas sob a forma de texto, assim é possível enviar um e-mail com a mesma. Além disso, incorpora não só inteligência artificial, mas também décadas de experiência profunda em análise de conteúdo, processamento de linguagem natural, recuperação de informação, representação e raciocínio do conhecimento e aprendizado de máquina (IEEE, 2012).

Como o ser humano não consegue assimilar o conteúdo de todos os documentos com informações que foram e estão sendo geradas, espera-se que com a ajuda deste computador, diagnósticos médicos de quadros complexos possam ser mais assertivos, por exemplo. Outros serviços podem ser realizados pelo Watson, como análise de dados, monitorar tendências, e outros (IBM, 2017b).

A visão de muitos cientistas é que o ser humano é uma máquina, e como tal poderá ser imitada, não levando em consideração aspectos psicológicos, filosóficos, religiosos, culturais e comportamentais, que tornam cada ser humano diferente, em algum aspecto, de seu próximo. A meta é fazer a máquina interceder para ajudar o ser humano, e tirar as pessoas que fazem tarefas rotineiras, trabalhando como máquinas na linha de produção, e dar a elas tarefas mais nobres e melhor remuneradas.

Um caso típico de aplicação da plataforma Watson é na construção de *chatbots*, ou "robôs de conversa", que estabelecem diálogos com humanos em linguagem natural, podendo realizar um atendimento de *call center*, *helpdesk*, orientar e guiar pessoas em visitas a museus e exposições etc.

6.4 *BIG DATA*

A estrutura de objetos inteligentes interconectados gera grande quantidade de dados, cuja análise pode aprimorar a gestão e orientar a tomada de decisões estratégicas na empresa. A essa massa de dados dá-se o nome de *big data*, tal qual em inglês.

Em 2001, Doug Laney, analista da consultoria Gartner, definiu *big data* a partir dos três Vês (SICULAR, 2013):

- **Volume**: os dados são coletados de fontes variadas, como redes sociais, informações obtidas por sensores, dados transmitidos de máquina a máquina, transações comerciais, dados de navegação na internet etc. É preciso ter sistema apropriado para armazenar toda essa grande quantidade de informações.
- **Velocidade**: os dados são gerados com uma velocidade nunca vista antes, e precisam ser tratados rapidamente. Os analistas precisam tratar essas massas de dados, que surgem e se multiplicam ao longo do tempo, em tempo real ou próximo disso.
- **Variedade**: há dois tipos de formatos de dados. Os dados estruturados, que são dados em formato alfanumérico e tabulados (estruturas de linhas e colunas identificáveis), e os dados não estruturados, que são fotos, vídeos, desenhos, áudios, documentos digitais de todos os formatos, e-mails etc. Os dados não estruturados são, ainda, de difícil análise, constituindo, porém, a maior quantidade.

Hoje, outros fatores forma acrescentados aos três Vês, que são (SAS, 2017):

- **Variabilidade**: os fluxos de dados podem ter picos baseados em eventos, ou picos sazonais. Gerenciar esses picos no tempo próximo ao real tem sido um desafio dos profissionais de *big data*.

- **Complexidade**: a cada dia novas fontes são adicionadas ao uso regular, gerando mais dados, o que torna difícil criar relações, fazer correspondências, limpar e transformar dados vindos de diferentes sistemas.
- **Veracidade**: a cada dia, o volume de informações falsas em circulação na rede aumenta assustadoramente. Nesse sentido, torna-se um desafio identificar dados que são verdadeiros de dados que são falsos, algumas vezes criados propositadamente para conduzir a decisões enganosas, com objetivo de prejudicar uma organização, mercados ou mesmo um país.

A importância do big data no mercado

Big data pode ser definido como ativos de informação[1] gerados em alto volume, velocidade e variedade, que demandam formas inovadoras de processamento de informação, economicamente viáveis, para maior compreensão e tomada de decisão (GARTNER, 2016).

Em 2012 a quantidade dados armazenada em todo mundo atingia cerca de 2,8 Zettabytes (1 Zettabyte = 1.000.000.000.000.000.000.000 (ou 1021) bytes, pelo sistema SI de unidades), em 2020 é esperado que essa quantidade aumente em cerca de cinquenta vezes. De todo dado criado, aproximadamente a metade não sofre qualquer tipo de proteção (SAS, 2017).

Estima-se que, se essa massa de dados de informação pudesse ser convenientemente classificada e analisada, seria possível extrair 33% de informações de utilidade para as empresas, contudo, hoje, analisa-se 0,5% de toda informação disponível (SAS, 2017).

6.4.1 DATA ANALYTICS (DA)

Utiliza-se a análise de dados ou, em inglês, *data analytics* (DA), para analisar as informações, e extrair o conhecimento proveniente dessas informações. Para tal, faz-se uso de modelos matemáticos, estatística, modelos preditivos e *machine learning* para detectar padrões nos dados. Assim, temos uma pirâmide, em que na base tem-se os dados, na camada acima a informação advinda destes dados, acima o conhecimento e mais acima a sabedoria, que é o uso efetivo do conhecimento na tomada de decisões, o que vai gerar valor para a empresa (SAS, 2017).

A análise de dados consegue descobrir correlações e padrões, inferir tendências, características, padrões de comportamento difíceis de serem detectados normalmente,

1. A visão de que grandes bases de dados constituem ativos para as organizações suporta modelos de negócios próprios, cuja ênfase não está em constituir receita monetária direta, mas somente em acumular dados e gerar análises.

assim, com o uso de algoritmos cada vez mas aprimorados e computadores com capacidade de processamento cada vez maior, a análise de dados procura ser cada vez mais assertiva., trazendo o conhecimento gerado pela análise de volume cada vez maior de dados. Atualmente, seu campo de atuação é amplo, podendo-se citar a determinação de risco de crédito, descoberta de formas mais eficientes para entrega de produtos e serviços, desenvolvimento de medicamentos, prevenção de fraudes, descoberta de ataques cibernéticos, retenção de clientes mais nobres para a empresa e outros (SAS, 2017).

6.4.2 *BIG DATA* ANALYTICS NA INDÚSTRIA 4.0

Como o volume de dados a serem analisados (DA) fica cada vez maior, usa-se o termo *big data analytics* para caracterizar a análise desta grande quantidade de dados.

- Dados de navegação de compradores potenciais e visitantes a sites de comércio eletrônico, que não precisa ser necessariamente o site da própria empresa, mas principalmente um grande varejista de B2C (Amazon, por exemplo), podem permitir análises de tendências de mercado para desenvolvimento de novos produtos ou serviços.
- Dados dos canais de vendas e de relacionamento com o cliente (CRM), juntamente com dados de mercado (dados econômicos, setoriais, de parceiros ou concorrentes) permitem análises de previsão de demanda mais acuradas, reduzindo custos de estoque e melhorando a programação da produção.
- Dados de operações e fluxos internos da linha de produção permitem alimentar simuladores e otimizar o processo produtivo.
- Dados de sinais vitais de trabalhadores, como frequência cardíaca, pressão e temperatura podem resguardar acidentes de trabalho e promover a saúde e segurança no trabalho em postos críticos, como na proximidade de altos-fornos, caldeiras, minas, grandes alturas etc. (PEREIRA et al., 2017).
- Dados do funcionamento interno de equipamentos, como temperatura, espectros de sons e vibrações mecânicas, bem como imagens de peças, permitem identificar e antecipar uma possível quebra ou falha do equipamento. Dados históricos de manutenção corretiva podem permitir uma manutenção preditiva, antes que nova quebra ocorra.

Em suma, são inúmeras as possibilidades de aplicação de *big data analytics* na indústria. Entretanto, o ponto chave para a compreensão do papel dessa tecnologia no caso da chamada Quarta Revolução Industrial, e da Indústria 4.0 em particular, está na visão de que dados obtidos e armazenados em grande quantidade tornam-se uma nova classe de ativo organizacional, como dinheiro em caixa ou aplicações financeiras, máquinas e equipamentos, imóveis e estoques, embora, por serem intangíveis, pareçam mais com ativos como marca e capital intelectual. O ponto fundamental é: dados analisados podem gerar valor. Dados acumulados pura e simplesmente, sem nenhuma análise e utilização, são recursos desperdiçados.

6.5 COMPUTAÇÃO EM NUVEM

O conceito de computação em nuvem ou, do inglês, *cloud computing*, vem da ideia de que não se sabe corretamente onde os dados estão sendo processados ou armazenados. Pode ser que estejam em um servidor no Brasil, ou nos Estados Unidos, ou até mesmo nos dois lugares ao mesmo tempo, de forma que um seja uma cópia de segurança do outro (SALESFORCE, 2017).

O maior benefício disso é poder acessar esses dados pela internet, de qualquer parte do mundo, não importando a distância em que eles estejam armazenados. Assim não estando em um local fixo, mas em local de fácil acesso, várias pessoas podem ter acesso ao conteúdo ou dados, de vários locais diferentes, desde que tenham autorização de acesso e façam a autenticação para tal (SALESFORCE, 2017), usando qualquer dispositivo (celular, *tablet*, computador ou outro) que esteja conectado à internet (CENTRALSERVER, 2017).

Dessa forma, é possível realizar atualizações dos processos e arquivos em tempo real, por estarem conectados pela internet, além dos *backups* constantes. É possível também usar os serviços de processamento de servidores em nuvem, como uma espécie de pulmão, assim, uma empresa pode alocar mais poder de processamento por ocasião de alguma data comemorativa em que haverá alguma forma de promoção, diminuindo quando voltar à normalidade, reduzindo os custos de imobilização na aquisição de equipamentos novos que ficariam subutilizados em época normal.

Como em nuvem tudo é contratado como serviço, da infraestrutura completa da TI aos *softwares* básicos, só se paga o que se usa, não se tendo gastos de implantação nem de manutenção. Há três modelos de acesso aos serviços em nuvem (CENTRALSERVER, 2017):

- **Nuvem pública**: usuários de diferentes empresas utilizam os mesmos recursos de processamento nos servidores físicos; há políticas de acesso, impedindo que eventuais vulnerabilidades de acesso de um usuário venham a afetar os outros. Dessa forma, o custo é o menor possível.
- **Nuvem privada (*fog computing*)**: não há o compartilhamento da infraestrutura física, normalmente criada e configurada para atender unicamente uma empresa. Tem o maior custo.
- **Nuvem híbrida**: mescla os modelos de nuvem pública e privada. Como exemplo, uma empresa pode ter o seu ERP em uma nuvem privada, contudo, o envio dos dados é feito via nuvem pública.

Pesquisas recentes mostram que deverá haver aumento de investimento em *cloud computing* por volta de 19,45% ao ano, contudo, 32% das empresas brasileiras não conhecem o serviço. Por outro lado, apesar de toda segurança prometida pelas empresas que oferecem serviços de *cloud computing*, não é possível garantir totalmente a privacidade online, apesar de as plataformas que oferecem o serviço procurarem utilizar a tecnologia mais avançada possível para proteger as informações dos seus usuários (MILIAN et al., 2015).

Por facilitar o acesso aos dados e informações, a computação em nuvem é um elemento que dá sustentação à Indústria 4.0, permitindo que todos os serviços possam ser acessados de vários lugares diferentes e interagir entre si (DINO, 2017).

Entendendo A Cloud Computing Ou Computação Em Nuvem (TI24)

6.6 INTEGRAÇÃO DE SISTEMAS

Como as empresas possuem equipamentos e/ou máquinas provenientes de vários fornecedores, é natural que tragam tecnologias, interfaces e *softwares* característicos de determinado fabricante, muitas vezes não permitindo sua comunicação com outros equipamentos e/ou máquinas. Para o uso pleno da Indústria 4.0 é preciso que esses equipamentos e/ou máquinas possam se integrar, de forma harmônica, mantendo a comunicação constante entre todos, além dos diversos sistemas de informações, como: ERP (gestão empresarial integrada), CRM (gestão de relacionamento com o cliente), SRM (gestão de relacionamento com fornecedores), SCM (gestão da cadeia de suprimentos), PLM (gestão do desenvolvimento colaborativo de produtos), e-*procurement* (compra de materiais indiretos), e-*sourcing* (compra de materiais diretos), *workflow* (sistema de automação de processos) entre outros, poderem interagir (de SORDI; MEDEIROS JR., 2006).

O desafio dos dias atuais é integrar estes diferentes sistemas e equipamentos, e fazer com que os diversos *softwares* dos diversos fabricantes também possam estar integrados e trocando informações. Equipamentos e sistemas em geral diferem nos formatos de dados utilizados (por exemplo, número de casas de ponto flutuante, formatos de datas), padrões de codificação digital (Unicode, UTF-8, ANSI, ...), tamanho de bytes (32, 64, 128 bits), sistemas operacionais, interfaces de cabeamento e conexão e tantos outros fatores que acabam gerando, praticamente, infinitas possibilidades de combinações. O trabalho de integração consiste basicamente em:

- criar um mapa ou diagrama contendo todos os elementos que serão integrados e estabelecer uma topologia de rede de comunicação entre esses elementos;
- identificar cada variável a ser comunicada entre cada nó da rede;
- identificar e/ou estabelecer os formatos de dados de cada variável em cada fonte e destino;

Integração de Sistemas de Automação - Redes Industriais.

Teoria & Prática - Sistemas de Informação nas Empresas

- buscar padrões em comum e converter o que for possível para algum padrão;
- criar *softwares* de conversão e compatibilização;
- implementar os dispositivos e sistemas de segurança e acesso aos controles;
- realizar inúmeros testes.

Nesse sentido, o fator custo é um dos aspectos críticos para a integração de sistemas, pois requer mão de obra altamente qualificada e especializada e é uma atividade essencialmente humana. Em gestão de projetos de tecnologia da informação, projetos de integração de sistemas são considerados altamente críticos e arriscados, com prazos e orçamentos muito difíceis de estimar com precisão e segurança.

Entretanto, a integração é absolutamente fundamental, pois sem ela um conjunto de equipamentos, máquinas, robôs e sistemas de informação não integrados são quase inúteis para os benefícios que se espera da Indústria 4.0. Espera-se que protocolos universais, normas internacionais ou padrões criados por consórcios possam facilitar o processo de integração entre sistemas.

6.7 SEGURANÇA CIBERNÉTICA

A segurança cibernética ainda é uma barreira para a maior expansão da Indústria 4.0. O assunto já foi tratado no Capítulo 2, item 2.4.2.7, e, pela importância, convidamos o leitor a ler o Capítulo 9, que trata especialmente sobre o tema.

REFERÊNCIAS

BERKELEY I. S. N. *What is Artificial Intelligence?* 1997. Disponível em: <http://www.ucs.louisiana.edu/~isb9112/dept/phil341/wisai/WhatisAI.html>. Acesso em: 21 set. 2017.

BOCARDI, R. *O computador IBM Watson é mais potente do mundo.* Fantástico de 27 fev. 2011. Disponível em: <https://www.youtube.com/watch?v=nYzOX-anR-M.>. Acesso em: 22 set. 2017.

CENTRALSERVER. *O que é e como funciona o cloud computing?* 2017. Disponível em: <https://www.centralserver.com.br/blog/o-que-e-e-como-funciona-o-cloud-computing/>. Acesso em: 21 set. 2017.

DE SORDI, J. O.; MEDEIROS JR., G. Abordagem sistêmica para integração entre sistemas de informação e sua importância à gestão da operação: análise do caso GVT. *Gestão & Produção*, v. 13, n. 1, p. 105-116, 2006. Disponível em: <http://www.scielo.br/pdf/gp/v13n1/29580.pdf>.

DINO. *O que é o cloud computing e como funciona o serviço da KingHost?* 2017. Disponível em: <https://www.terra.com.br/noticias/dino/o-que-e-o-cloud-computing-e-como-funciona-o-servico-da-kinghost,3289defd6cf37fbc78513bc369c4f204u866q3x4.html>. Acesso em: 21 set. 2017.

GARTNER. *From the Gartner IT glossary*: what is big data? 2016. Disponível em: <https://research.gartner.com/definition-whatis-big-data?resId=3002918&srcId=1-8163325102>. Acesso em: 21 set. 2017.

HERMANN, M.; PENTEK, T.; OTTO, B. *Design principles for industrie 4.0 scenarios: a literature review.* In: Working Paper No. 01 / 2015, Technische Universität Dortmund, Fakultät Maschinenbau and Audi Stiftungslehrstuhl - Supply Net, Order Management, 2015. p. 1-15.

HWANG, J. S. The fourth industrial revolution (Industry 4.0): intelligent manufacturing. *SMT Prospects & Perspectives*, p. 10-15, 2016. Disponível em: < http://www.jenniehwang.com/pdfs/industry4.pdf>.

IBM Research. *Cris Welty*, 2017a. Disponível em: <http://www.research.ibm.com/people/w/welty/index.html>. Acesso em: 22 set. 2017.

IBM Watson. *Products and services*, 2017b. Disponível em: <https://www.ibm.com/watson/products-services/>. Acesso em: 22 set. 2017.

IEEE. IBM *Journal of Research and Development*, v. 56, n. 3.4, 2012. Disponível em: <http://ieeexplore.ieee.org/xpl/tocresult.jsp?reload=true&isnumber=6177717&cm_mc_uid=70260195470915060889078&cm_mc_sid_50200000=1506091952>. Acesso em: 22 set. 2017.

MILIAN, E. Z. et al. Assessing challenges, obstacles and benefits of adopting cloud computing: study of an academic control system. *Revista IEEE América Latina*, v. 13, p. 2301-2307, 2015.

PEREIRA, S. G. M. et al. Software project for remote monitoring of body temperature. *IEEE Latin America Transactions*, v. 15, n. 11, p. 2238-2243, 2017.

SALESFORCE. *O que é cloud computing?* Entenda a sua definição e importância, 2017. Disponível em: <https://www.salesforce.com/br/blog/2016/02/o-que-e-cloud--computing.html>. Acesso em: 21 set. 2017.

SAS. *Big data. O que é e por que é importante?* 2017. Disponível em: <https://www.sas.com/pt_br/insights/big-data/what-is-big-data.html#>. Acesso em: 21 set. 2017.

SICULAR, S. Gartner's big data definition consists of three parts, not to be confused with three "V"s. In: *Forbes*, n. 55612, 27 mar. 2013. Disponível em: <https://www.forbes.com/sites/gartnergroup/2013/03/27/gartners-big-data-definition-consists-of-three--parts-not-to-be-confused-with-three-vs/#75be369242f6>. Acesso em: 21 set. 2017.

SALESFORCE. Entenda os principais conceitos e o que é Inteligência Artificial, 2016. Disponível em: https://www.salesforce.com/br/products/einstein/ai-deep-dive/. Acessoem: 21 set. 2017.

SOMMER, L. Industrial revolution – Industry 4.0: are German Manufacturing SMEs the first victims of this revolution? *Journal of Industrial Engineering and Management* – JIEM, v. 8, n. 5, p. 1512-1532, 2015.

Parte II

CONTEXTO DA INDÚSTRIA 4.0

CAPÍTULO 7

ORGANIZAÇÃO E TRABALHO 4.0

Márcia Terra da Silva

7.1 INTRODUÇÃO

A Quarta Revolução Industrial tem sido descrita principalmente pela evolução tecnológica rápida que causa espanto e deslumbramento. Em textos acadêmicos e em análises jornalísticas, a ênfase recai sobre as tecnologias de informação e comunicação, acopladas a produtos e equipamentos que capacitam as pessoas para atividades antes impossíveis, abrindo um mercado novo e possibilitando um nível de eficiência da produção impensável até pouco tempo atrás.

Figura 7.1 A conectividade transforma a maneira como trabalhamos.

O foco deste texto é menos sobre as questões técnicas da nova tecnologia, restringindo-se à discussão sobre as mudanças que a sua aplicação na produção provoca na forma como trabalhamos. Muitas dessas mudanças já estão em curso, sendo o seu lado mais visível a presença de computadores ou dispositivos conectados à rede em uma série de atividades econômicas corriqueiras, como no supermercado, em que a compra do cliente pode ser debitada na sua conta automaticamente, sem passar pelo posto de *check-out*. À primeira vista, chama a atenção uma previsível redução de operadores de caixa muito grande, assim como a redução de erros e furtos (AMAZON.COM, 2018).

No entanto, adicionalmente, este exemplo pode ilustrar também a necessidade de contratar e treinar pessoal para operar um sistema central de dados mais sofisticado do que hoje, organizar a manutenção dos novos equipamentos e montar um setor para analisar a grande massa de dados de clientes que estará disponível. Além disso, é alta a velocidade de evolução da tecnologia e a cada vez que a empresa adota uma mudança tecnológica ela deve mudar sua estrutura, o que aponta para a necessidade de uma organização facilmente reconfigurável.

Dessa forma, este texto se propõe a refletir sobre a organização e o trabalho na Indústria 4.0 e, para isso, apresenta inicialmente um breve histórico da administração da produção. Em seguida, discute o impacto das novas tecnologias sobre o nível de emprego e, finalmente, trata da mudança recente na estrutura organizacional de empresas que se preparam para um novo paradigma.

7.2 AS QUATRO ERAS INDUSTRIAIS

A maneira de produzir bens e serviços varia de empresa para empresa mas, ao longo do tempo, a cada época se apresentam possibilidades restritas pelo conhecimento administrativo e tecnológico disponível, pela legislação e pelos costumes. Uma perspectiva histórica sobre o que foi considerado importante na administração da produção pode nos ajudar a entender as tendências para o futuro dadas as tecnologias emergentes.

Nesse sentido, nos propomos a olhar três períodos da história que iniciaram com grandes mudanças tecnológicas, sociais e/ou organizacionais com grande impacto sobre a produtividade: o primeiro período é marcado pelo início da industrialização e vai do século XVIII ao início do século XIX, sendo denominado aqui de era da industrialização; um segundo período é marcado pela produção em massa e se inicia na segunda metade do século XIX (a era da produção em massa); o terceiro período começa a partir da introdução do computador na administração das empresas e com a automação dos escritórios (a era da automação) (ACKOFF, 1974).

A primeira era foi marcada pelo crescimento das cidades com a vinda da população do campo ao mesmo tempo em que a energia a vapor possibilitou o uso de máquinas aumentando a eficiência da produção.

Nesse período, a produtividade de setores que se mecanizaram cresceu fortemente se comparada com a produção individual e manual anterior. Máquinas para fiar e tecer, por exemplo, substituíram até duas centenas de funcionárias trabalhando de forma manual. Além da mecanização, a divisão do trabalho e a especialização do trabalhador em um único tipo de tarefa ajudaram a aumentar a produtividade das manufaturas (SMITH, 2017).

O crescimento das cidades, por conta principalmente do movimento migratório vindo do campo, promoveu a concentração da mão de obra, dos recursos técnicos, dos insumos e dos mercados. A maior disponibilidade de mão de obra e o acesso a um mercado consumidor maior permite pensar em volumes de produção mais altos.

Na primeira metade do século XIX, são inauguradas as primeiras ferrovias, movidas a vapor e a primeiras linhas de telégrafo, preparando o terreno para a segunda era industrial, dessa vez marcado pela produção em massa. As ferrovias, principalmente nos Estados Unidos, possibilitam a integração territorial e dão acesso a produtos manufaturados em territórios distantes (CHANDLER et al., 2009). O telégrafo e, cinquenta anos depois, o telefone possibilitam a comunicação entre fornecedores, fabricantes, consumidores e distribuidores de maneira relativamente rápida e precisa, com custo baixo, viabilizando uma rede de produção e consumo mais extensa do que na era anterior.

A organização da produção em linha, utilizada por Ford, foi uma ruptura com os formatos anteriores, sendo os principais aspectos técnicos que a distinguem o uso da esteira rolante para o transporte do produto em processo, o que permitiu a diminuição de tempo de locomoção dos operários, e a padronização das peças, eliminando o tempo de ajustes durante a montagem. Além disso, esse modelo de produção partiu de um projeto do produto tendo em vista a facilidade de fabricação, simplificou e dividiu ainda mais o trabalho e fixou cada trabalhador num posto.

Seguindo essa lógica de simplificar e dividir o trabalho, mecanizando as tarefas sempre que possível, ao longo da primeira metade do século XX, as fábricas conseguiram um formidável aumento de produtividade. No entanto, de nada teria valido a maior produtividade se não houvesse mercado para escoar essa produção e trabalhadores que aceitassem o trabalho difícil, repetitivo e extenuante.

Assim, como condições de contexto, gostaríamos de ressaltar a evolução dos meios de transporte nos Estados Unidos e Europa, ligando mercados e dando vazão à produção de fábricas de produtos de consumo. Dessa forma, a produção em massa valeu-se primeiramente da estrada de ferro movida a vapor, depois do transporte sobre rodas e por fim do transporte aéreo, para ligar mercados e viabilizar o escoamento de uma produção muito maior do que o mercado local (CHANDLER et al., 2009).

A segunda condição que fez a produção em massa decolar foi o mercado de trabalho. No começo do século XX, muitos europeus, que abandonavam o campo onde suas famílias viviam há tempos, imigraram para os Estados Unidos em busca de trabalho. Estes chegaram sem dinheiro e sem instrução, sem falar inglês, em busca de qualquer trabalho. Aceitavam as más condições das fábricas, mesmo achando o ambiente fabril assustador (WOMACK et al., 2004). Devemos lembrar que a organização do trabalho para a produção em massa prevê um ritmo intenso sobre o qual o trabalhador não tem controle (a velocidade da esteira rolante dita o ritmo de trabalho), a tarefa é repetitiva, monótona e desprovida de sentido para o trabalhador, já que ele não conhece o processo todo nem a finalidade de seu esforço. Para essa tarefa, dizia Taylor, não é necessário pensar; ele defendia ser mais adequado o trabalhador com baixa instrução e físico forte (TAYLOR, 1970).

Esse modelo produziu uma grande redução nos custos de produção quando o comparamos com a era da industrialização e até hoje é aplicado com algumas modificações.

A partir da implantação dos primeiros computadores para uso comercial começa a se desenhar a terceira onda de ganhos de produtividade, a Era da Automação. O computador, como instrumento capaz de realizar processamento de dados (produção de informação) e tomada de decisão (produção de instruções), permitiu a substituição do trabalho cognitivo e impactou principalmente o trabalho nos escritórios (ACKOFF, 1974).

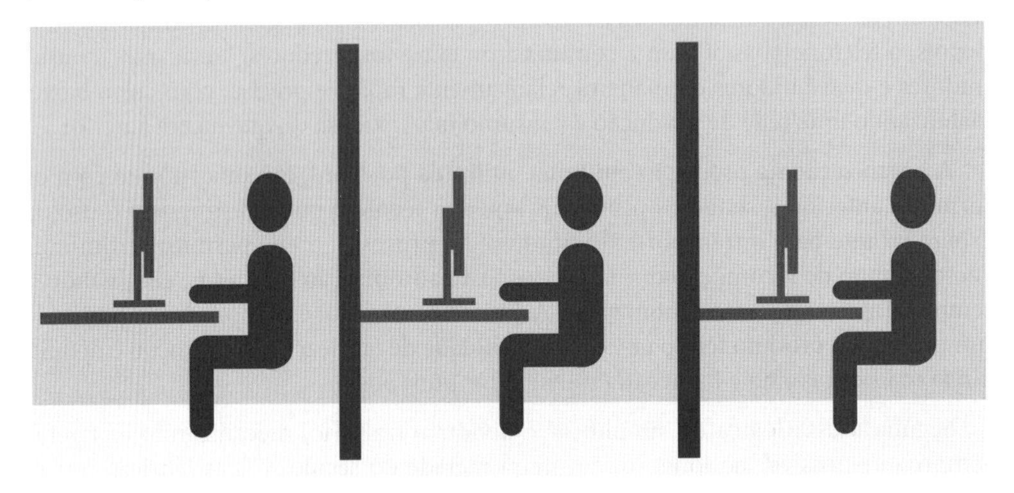

Figura 7.2 A chegada dos computadores revolucionou o trabalho nos escritórios.

Seguindo trajetória similar à ocorrida na Segunda Revolução Industrial, quando o trabalho físico passou pela racionalização, mensuração e depois foi mecanizado, o trabalho nos escritórios foi estudado e sistematizado e depois automatizado. A automação facilitou também a gestão da diversidade de produtos e modelos que se contrapõe ao produto padronizado da produção em massa.

Quanto ao chão da fábrica, não se pode dizer que um modelo de produção se mostrou predominante neste período. As críticas à produção em massa sob vários aspectos criaram diferentes modelos de produção, como os grupos semi-autônomos e a produção enxuta. Esses modelos para a fábrica apareciam simultaneamente a uma visão estratégica diferente e a novas formas de estrutura organizacional. As teorias administrativas da época propõe uma aproximação com o mercado consumidor e uma visão individualizada dos clientes e de suas necessidades, marcando a diferença de perspectiva com o modelo de produção em massa. Coerentemente, o cliente adquire importância maior e a gestão da qualidade ganha relevância entre as funções administrativas. Paralelamente às mudanças na gestão da qualidade, a centralização das decisões operacionais da administração clássica era muito criticada, pois além de implicar a alienação do trabalhador da linha de montagem causava perda de agilidade e demora para a solução dos problemas. Assim, os modelos de gestão típicos da época, como os grupos semi-autônomos ou a produção enxuta propunham que os problemas fossem solucionados o mais próximo possível de onde foram detectados e, com isso, vieram ao encontro da busca de autonomia pelos trabalhadores.

Resumindo, pode-se dizer que um conceito que caracteriza a época é a diversidade. A diversidade de produtos e mercados foi possível graças à automação, o que gerou ganhos para a empresa ao aumentar o valor do seu produto. Além da automação, as novas formas de gestão auxiliaram a administrar a variedade de produtos, processos e mercados, o que com a administração clássica era muito difícil. Diversidade também foi um tópico nas formas administrativas em várias frentes: em marketing, na gestão de pessoas e finalmente com a servitização.

Para o *marketing*, a visão individualizada do cliente significa não olhar o consumidor como uma figura padronizada, mas reconhecer as pequenas diferenças, isto é, sua diversidade, para tentar conquistá-lo, satisfazendo-o de forma mais completa e assim obtendo a valorização do produto.

Para a área de gestão de pessoal, uma das bandeiras da época é a inclusão de pessoas com diferentes características, físicas, mentais e de experiências, de maneira a formar um conjunto de trabalhadores que contemplasse melhor a população fora da empresa. Dessa forma, a empresa busca aumentar as chances de inovação e também entender melhor o cliente.

Já a servitização é uma tendência que se inicia nos anos 1990 e se acentua com o princípio da Indústria 4.0. A servitização é uma mudança estratégica das empresas que, ou acrescenta serviços à gama de produtos que oferecem, ou passam a vender o uso do produto sem transferir a propriedade sobre ele. Dessa forma, as manufaturas incorporam aos processos de fabricação, geralmente abrigados da interferência do cliente, outros de linha de frente, sujeitos à variedade e à variação dos consumidores.

Agora, com a internet conectando pessoas, coisas e máquinas, uma nova era se inicia, chamada de Indústria 4.0. O difícil é saber como nos preparar para enfrentar as condições do novo paradigma, pois quando estamos em meio à mudança, o futuro se torna obscuro e, a cada momento, enquanto alguns já identificam os sinais de já trabalharmos num novo paradigma, outros enxergam mudanças mais drásticas para a frente.

A Quarta Revolução Industrial: Você está pronto?

Para orientar melhor a busca de quais variáveis podem descrever a Indústria 4.0, começamos por olhar para trás, a fim de identificar quais variáveis melhor representam a passagem de uma era para outra. No breve relato foram ressaltados:

1. *Conceito básico inovador de cada era*: para a primeira, a industrialização é o conceito primordial. Para a segunda, a produção em massa resume o salto de tecnologia de

produção. Para a terceira, a automação iniciada no período é a inovação que permite a evolução em vários eixos.

Vamos defender que, para a quarta era, a conectividade abrangente é a principal alavanca de mudança em termos econômicos, sociais e de produção.

2. *O mercado consumidor e o mercado de mão de obra:* verificamos que o crescimento do mercado e a relação com o consumidor foram de suma importância para os ganhos de produtividade nas três primeiras eras industriais. Já na quarta era industrial, a conectividade permite ainda maior aproximação com o cliente e o aprofundamento da segmentação do mercado, da variedade e da variação dos produtos possibilitado pelas tecnologias 4.0, com as quais os lotes de produção podem chegar a poucas ou somente uma unidade.

Quanto ao mercado de mão de obra, as duas primeiras revoluções industriais se consolidam em momento de excedente de mão de obra. Além disso, nos três períodos, o medo do desemprego por causa da mecanização ou automação despertou movimentos de revolta fortes. Ao que tudo indica, a Indústria 4.0 trará mudanças expressivas no mercado de trabalho quanto ao nível de emprego, às mudanças nas profissões e à necessidade de qualificação dos trabalhadores.

3. *A gestão da produção*: a busca pela produtividade e pelo valor em cada uma das eras industriais mostra a visão característica da sua época para atingir os objetivos da produção. Essa visão sem dúvida influenciava as decisões tomadas e se refletia nas práticas de gestão mais em voga a cada período.

No primeiro período, a gestão se voltava para aspectos internos à empresa e buscava primordialmente o aumento da produtividade, que era vista como o aumento do ritmo do trabalho individual, além da mecanização das tarefas mais simples. Na produção em massa, a gestão da produção se propõe, basicamente, a diminuir os custos da produção. O aumento da produtividade é visto como o resultado da racionalização das tarefas individuais e da padronização do produto e do trabalho.

No terceiro período, a gestão da fábrica se torna mais complexa. À busca pela eficiência se somou o empenho em aumentar o valor para o cliente, melhorando a qualidade do produto e aumentando a variedade de ofertas. Além disso, produtividade deixou de ser vista como o resultado de medidas pragmáticas, voltadas para a prescrição e padronização das tarefas e passou a incluir a ideia de que é necessário lidar com eventos que nem sempre podem ser previstos e, portanto, os trabalhadores precisavam ser incluídos na solução.

Para analisar o conceito da Indústria 4.0 será necessário entender como se calcula a produtividade da fábrica e que métodos se usa para aumentá-la, além de entender como persegue o aumento do valor dos seus produtos para o cliente. Pode ser que a intensa automação e a integração dos sistemas de produção tenha vencido a dicotomia entre estratégia por custos, associada à eficiência da produção, e a estratégia por diferenciação, relacionada à inovação e customização.

Visão da BOSCH sobre o uso das novas tecnologias.

4. *O conteúdo do trabalho*: a organização do trabalho sofreu mudanças profundas no início da produção em massa, quando a racionalização das tarefas retirou o controle do operário sobre o seu trabalho e o passou para a equipe técnica. A separação entre quem faz e quem decide foi a transição de maior impacto e que mais críticas recebeu – por um lado alienou o trabalhador do processo de trabalho, por outro impedia que a empresa desse resposta rápida a problemas de produção.

Já na terceira era industrial, o processo de automação de tarefas rotineiras resultou na mudança da força de trabalho: ao mesmo tempo que diminuiu a quantidade de trabalhadores a automação passou a demandar um perfil mais qualificado para as atividades de controle e correção de problemas de produção. Assim, as empresas enfatizam programas de capacitação visando disseminar o conhecimento dos objetivos da empresa e do processo como um todo. Além disso, a gestão se volta tanto para aspectos internos à empresa como para elementos externos que influenciam ou são influenciados pelo seu funcionamento.

A automação e a conectividade intensas da quarta era industrial trará grandes mudanças para a forma como trabalhamos. Não é possível falar de uma maneira geral, afinal, dependerá do setor industrial e do projeto do processo produtivo, mas uma questão importante para entender o novo sistema de produção é o conteúdo do trabalho e o controle que o trabalhador detém sobre sua atividade.

5. *A estrutura organizacional*: a estrutura clássica, típica da produção em massa, era hierarquizada e segmentada em departamentos, cada um reunindo pessoas de mesma função. Essa estrutura foi bastante criticada por ser lenta para atender a mudanças de mercado ou tecnológicas e dificultar a gestão de problemas. Assim, concomitantemente às mudanças na força de trabalho trazidas pela automação da produção, algumas empresas buscaram uma estrutura organizacional mais flexível, reunindo os departamentos por projetos ou mercados, compondo a estrutura orgânica.

Para atender a uma variedade de mercados sempre em mutação, lançar produtos inovadores e manter o processo produtivo com as tecnologias mais avançadas, a organização para a Indústria 4.0 provavelmente será mais próxima da estrutura orgânica. No entanto, muitos aspectos desta estrutura ainda precisam ser discutidos, como: o papel dos trabalhadores para atingir os objetivos, a forma como serão preparados para isso e o poder de decisão que terão. Outro ponto relevante da estrutura organizacional é como a empresa lidará com a necessidade de constante inovação.

6. *A cadeia de produção de valor*: vários são os indícios de que a cadeia de produção 4.0 terá mais elos e a as relações entre estes podem seguir uma diversidade de tipos. Uma razão é que a integração dos vários sistemas automatizados depende de ajustes feitos por especialistas, assim como a inovação de processo exige equipamentos novos. A demanda por trabalho técnico especializado tem sido suprida por *startups*, mais ágeis do que as grandes empresas, capazes de reunir pessoas com boa formação técnica e capacidade de se atualizar continuamente na sua profissão. Essas *startups* entram como mais um elo da cadeia de valor, fornecendo seu conhecimento especializado para as grandes empresas 4.0.

7.3 A ORGANIZAÇÃO DA INDÚSTRIA 4.0

O termo Indústria 4.0 tem sido usado de maneira genérica para designar o sistema de produção automatizado no qual máquinas, produtos, ferramentas, trabalhadores e consumidores estão conectados. Para esses sistemas, a integração das partes é uma questão estratégica que permite acompanhar as tendências do consumidor para repensar o produto final e reconfigurar o sistema de produção rapidamente (MITAL; PENNATHUR, 2004).

Mas como se processa esta integração?

7.3.1 AS VÁRIAS FORMAS DE CONECTIVIDADE NA INDÚSTRIA 4.0

Como pode ser visto no Capítulo 2, os elementos técnicos formadores e estruturantes da Indústria 4.0, dentre os quais o sistema ciber-físico, a IoT e a comunicação M2M, permitem a conectividade entre equipamentos e objetos da produção.

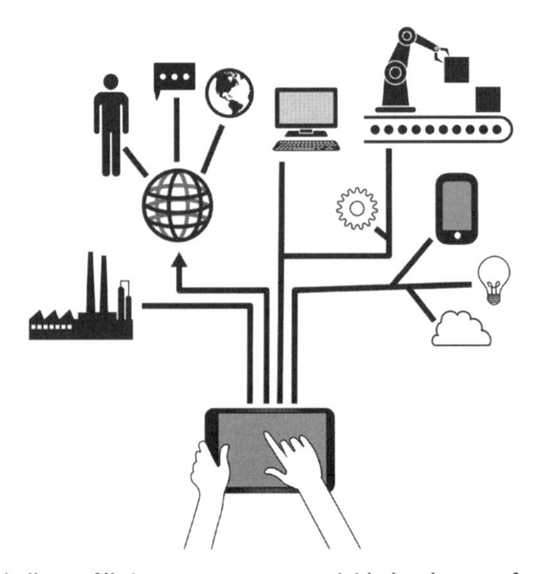

Figura 7.3 O trabalho na fábrica se conecta com atividades dentro e fora da empresa.

O sistema ciber-físico reflete o plano físico do sistema de produção (instalações, produtos, máquinas e peças) no plano virtual que representa o primeiro (programas e sistemas que controlam a operação). Um grande número de sensores (BOGUE, 2014, fala em um mercado de um trilhão de sensores por ano) possibilita a conexão entre estes dois planos (físico e virtual). O benefício deste sistema é a representação mais fiel dos sistemas de produção em sistemas de informação, o que possibilita que as decisões operacionais sejam tomadas mais rapidamente e com menor risco, diminuindo os custos de pequenas mudanças de programação.

A conectividade permite também a coordenação das atividades interdependentes, como o ajuste das atividades entre dois postos de trabalho. Por exemplo, desvios da programação de uma máquina exigem ajustes na programação de outras máquinas e para isso, na fábrica tradicional, a estrutura organizacional prevê mecanismos de coordenação como a interação direta entre operadores, a intervenção do supervisor ou a aplicação de procedimento escrito. No entanto, na Indústria 4.0 a coordenação se dá automaticamente entre as duas máquinas, mesmo sem operadores. Nesses casos, o acompanhamento do planejado é feito pela própria máquina inteligente e os desvios do que está sendo produzido é informado para outras máquinas de maneira que o ajuste pode ser feito imediatamente. Assim, a conectividade do sistema leva a maior eficiência da operação pois evita as paradas de máquina por conta das pequenas alterações de produção que ocorrem todos os dias. Além disso, a capacidade de verificar automaticamente dimensões e funções do produto em processo diminui a quantidade de defeitos ao final da linha. Essa verificação se apoia na automação de equipamentos de medição e na conectividade entre estes e o sistema de produção para corrigir ajustes da máquina e evitar a produção de defeituosos.

Como resultado, a produtividade da fábrica não depende do ritmo com que os operadores realizam tarefas prescritas, nem resulta da agilidade deles fazerem ajustes rápidos no programado para contornar pequenos imprevistos. Outros fatores como a integração do conjunto de equipamentos e o correto ajuste das máquinas para que funcionem juntas, assim como os *softwares* para informar e executar a manutenção são alguns exemplos do que impactará a velocidade e o custo da produção no novo modelo. Todos esses fatores são decorrentes da conectividade do sistema e da sua capacidade de funcionamento de forma integrada.

Finalmente, um sistema integrado dessa maneira é capaz de modificar-se rapidamente. Isso abre a possibilidade de diminuir os tamanhos de lotes, sem aumentar os custos de produção, além de viabilizar a rápida implantação de linhas de produção de novos produtos lançados no mercado. Assim, a integração dos sistemas conseguidas com a conectividade entre pessoas, coisas e máquinas enseja uma nova visão estratégica em que o aumento expressivo da eficiência na produção se soma aos ganhos de valor pela inovação e customização do produto.

7.3.2 O MERCADO CONSUMIDOR E O MERCADO DE MÃO DE OBRA NA INDÚSTRIA 4.0

É fácil perceber que hoje uma revolução nos costumes está em curso e que essa revolução inclui a conexão pela internet. Basta observar as pessoas constantemente ligadas aos seus celulares ou outra forma de conexão com o mundo para verificar que parte da nossa vida já se passa somente no mundo virtual.

Os produtos, como celular, jogos eletrônicos, dispositivos para uso pessoal estão no mercado e são bem aceitos mesmo antes de se colocar em discussão o processo de produção destes produtos. Desse modo, a demanda por mais produtos feitos sob medida para cada um, com eficiência e qualidade incentiva a implantação das fábricas 4.0.

Como será o futuro na próxima década

Além disso, a comunicação da empresa com os consumidores é facilitada promovendo a proximidade com clientes e, como os mercados são globais, cada nicho de mercado é disputado por empresas do mundo todo. Assim, aquelas acostumadas a considerar os vizinhos como clientes fiéis, se surpreendem com o ataque de concorrentes vindos do outro lado do globo – nenhum nicho de mercado está protegido.

Outro ponto importante para entendermos a Indústria 4.0 é o mercado de trabalho, abrangendo as perspectivas de aumento de emprego ou de desemprego, as mudanças no cardápio de profissões e a necessidade de qualificação dos trabalhadores.

Se pensarmos numa escala de empregos que se distribuem dos trabalhos manuais associados a salários mais baixos até aqueles que exigem capacidade cognitiva e pagam altos salários, podemos analisar e aprender com as mudanças no emprego durante a mecanização da segunda era industrial e com a automação na terceira era industrial. No início da produção em massa, a mecanização da produção simplificou trabalhos mais complexos, substituiu os artesãos e criou a demanda por trabalhadores pouco qualificados, até então sem espaço na indústria. Simultaneamente, criou a necessidade por trabalhadores técnicos, engenheiros mecânicos, de produção, químicos e elétricos para construir e fazer a manutenção de máquinas e equipamentos, além de projetar o processo de produção. Portanto, de uma maneira geral, houve aumento não só de pessoas empregadas em tarefas de menor qualificação e salário como também em tarefas técnicas de maior qualificação e salário. Por outro lado, desapareceram as funções de artesão (FREY; OSBORNE, 2013).

O processo de automação dos escritórios seguiu trajetória semelhante – um exército de trabalhadores fazendo tarefas rotineiras, como datilógrafas, secretárias, auxiliares de escritório e caixas nos bancos foram substituídos por computadores. Por outro lado, foram criadas vagas de maior remuneração para novas atividades que exigiam maior qualificação, relacionadas com o uso de computador, como analistas de sistemas e engenheiros de computação, entre outros. Aqueles com menor escolarização, que não conseguiram se qualificar para as vagas técnicas, se viram deslocados para tarefas de baixa remuneração, muitas da área de serviços.

Assim, no geral, uma das consequências da introdução dos computadores foi a maior eficiência que a ferramenta trouxe ao trabalho associada ao aumento da desigualdade dos salários (FREY; OSBORNE, 2013).

Como consequência do exposto, pode-se imaginar que o processo de intensificação da automação e da conectividade deve tanto fechar vagas de média qualificação (operadores de telemarketing, têm sido citados como aqueles que mais rapidamente serão substituídos por robôs), como criar oportunidades de emprego de alta qualificação (a procura por cientistas de dados tende a aumentar bastante). Não é possível antecipar o volume de expansão de umas nem o de corte de outras, contudo, é de se supor que a capacidade de expansão do emprego qualificado dependerá também do nível de escolarização da mão de obra (DATTA, 2015).

Nesse sentido, são muitos os alertas aos educadores de que é imprescindível investir no sistema educacional, não só para cobrir o deficit existente hoje, mas para que as oportunidades lançadas pela onda tecnológica mais recente sejam aproveitadas. É necessário repensar a educação de maneira global - reinserir aqueles que estão fora do sistema e garantir o domínio da linguagem escrita e da matemática, das ciências básicas e da codificação de computadores em alguma linguagem.

A escolarização da mão de obra deixaria todos numa situação mais confortável quando aparecessem tensões sobre a economia em direções contrárias: por um lado, a pressão para o crescimento da atividade econômica, na medida que novos produtos são ofertados e novas necessidades são despertadas. Por outro, a pressão provocada pela contenção da demanda, causada pela perda de emprego por muitos trabalhadores substituídos pela automação e ainda não preparados para os postos de trabalho 4.0.

Para entender melhor essas tensões em direções contrárias, vamos examinar o fluxo da Figura 7.4, onde estão representados dois caminhos resultantes da implantação de uma inovação poupadora de emprego, como é o caso da integração da automação. Nesse caso já vimos que diversos empregos de média qualificação terão menor demanda, como é o caso de operadores de telemarketing. Essas ocupações tendem a desaparecer, resultando num movimento de realocação dos trabalhadores desta área, muitos para ocupações com menor exigência de qualificação e de menor remuneração. Há uma evidente destruição de emprego neste movimento (FREY; OSBORNE, 2013).

Por outro lado, a inovação traz um efeito de capitalização, disparado pela criação de empresas para novos negócios que trazem margens maiores. Nesse caso, é preciso considerar que as inovações que aumentam a eficiência de produção possibilitam a redução do preço dos produtos, como durante a segunda revolução industrial que assistiu a uma queda drástica nos preços dos carros e de outros bens. A folga no orçamento das famílias resultante dessa queda de preços será muitas vezes aplicada em outras compras, aumentando a demanda em setores distintos da inovação inicial.

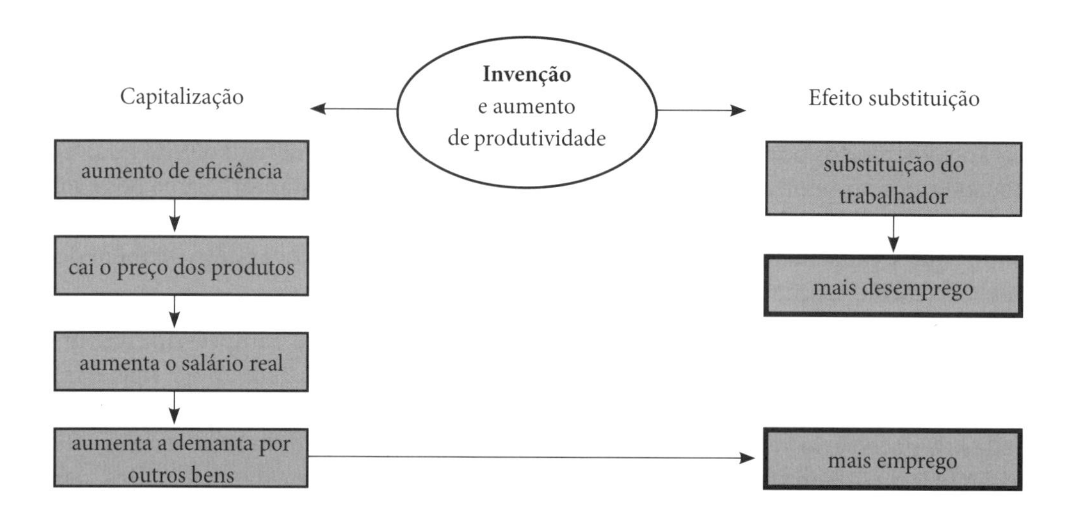

Figura 7.4 As tensões por aumento ou diminuição de emprego resultantes de inovação geradora de aumento de produtividade.
Fonte: adaptada de Frey e Osborne (2013).

O efeito de capitalização já foi bem descrito para situações passadas, quando chegou a superar o efeito substituição, entretanto, não significa que se repetirá com o mesmo vigor para o processo que estamos analisando no momento. Primeiro, porque o efeito capitalização depende da capacidade de adotar e adquirir novas habilidades, portanto da escolarização dos trabalhadores afetados. Em segundo lugar, porque a automação, dessa vez, substitui também trabalhos cognitivos, com o uso da inteligência artificial. Dessa forma, a intranquilidade pela chegada da Indústria 4.0 se mantém, pela incerteza do que ocorrerá com o nível de emprego.

Além disso, o efeito capitalização e o efeito substituição têm tempos diferentes e demandam capacitação diferente. Assim, mesmo se prevalecer o efeito capitalização, é possível que haja turbulência social por conta do desemprego em nichos do mercado de trabalho ou por períodos de queda no emprego seguidos de períodos de maior demanda por trabalhadores.

A possibilidade de queda de nível de emprego se junta às previsões de mudanças no rol de profissões, com o desaparecimento de algumas e o surgimento de novas ocupações. Diversas publicações têm trazido suas percepções sobre o impacto da tecnologia no emprego, sendo que as profissões com trabalho rotineiro são arroladas como as de menor probabilidade de serem mantidas. Entre essas são mencionadas as funções de analistas de crédito, contadores e vendedores de commodities, profissões que usam trabalho cognitivo, e por isso até pouco tempo atrás consideradas difíceis de automatizar. Contudo, a possibilidade de definir parâmetros precisos para essas atividades as transformam em alvos para a aplicação da inteligência artificial com a elaboração de um processo automático que prescinde do ser humano.

7.3.3 A PRODUTIVIDADE NOS SISTEMAS DE PRODUÇÃO 4.0

Primeiramente, é importante refletirmos sobre o que significa produtividade na fábrica 4.0 em comparação com o significado para a indústria tradicional. Em outras palavras, nos sistemas ciber físicos faz sentido a maximização da produtividade como na indústria tradicional? Então, quais os critérios para comparação e acompanhamento do indicador e que meios são usados para aumentar a produtividade? Essa questão é interessante, pois o indicador de produtividade é típico das primeiras formas de indústria, em que o trabalho manual predominava, e era calculado simplesmente como a relação entre a produção total e a quantidade de homens-hora utilizados. Esse indicador evoluiu para considerar a produtividade econômica e a produtividade global da fábrica, mas a produtividade da mão de obra permanece um indicador muito usado.

No caso da forte automação e conectividade dos processos, o aumento da produção não depende mais da intensificação do trabalho no chão da fábrica. Se o processo de produção é automatizado, o ritmo da máquina é o mais adequado para a produção por definição do sistema. Nas indústrias de processo contínuo, como plantas químicas e petroquímicas, a eficiência da produção também não depende do esforço do trabalhador e a busca pela melhoria da produtividade foi substituída pela redução do tempo para tratamento de eventos e busca de minimização de interrupções do processo. Partimos dessa definição para questionar as alternativas colocadas para a Indústria 4.0, julgando que o conceito de busca da eficiência *técnica* do sistema prevalecerá sobre o de produtividade da mão de obra.

Máquinas inteligentes já fazem parte da produção antes mesmo de se falar em Indústria 4.0. São máquinas com controladores e processadores que funcionam autonomamente, com o acompanhamento de um operador. Nesse caso, o operador define os parâmetros para programar a máquina e depois controla a ocorrência de eventuais problemas durante a operação. Muda a eficiência e o controle da eficiência, na medida em que uma máquina inteligente trabalha 24 horas seguidas, com menor variabilidade no padrão de qualidade, sem as paradas necessárias para o ser humano, como para descanso ou alimentação. Mudam as formas de gestão, de medição do desempenho e surgem máquinas que auxiliam na gestão de operações.

Figura 7.5 Um único trabalhador pode controlar vários equipamentos.

Nesse caso, da mesma forma que em sistemas de processo contínuo, o tratamento de eventos deve ser controlado para melhorar a quantidade e qualidade da produção no sistema ciber-físico. No entanto, como os dados serão processados no sistema virtual, tecnicamente é possível evitar ou solucionar alguns eventos sem que o trabalhador sequer fique sabendo da ocorrência. Por outro lado, a eficiência da produção será função em grande parte do funcionamento do sistema virtual, do planejamento de todo o sistema e do ajuste inicial para que as máquinas atuem coordenadamente. Essas são etapas do projeto do sistema que dependem em grande parte da competência da equipe técnica da empresa, por exemplo, da sua capacidade de ajustar a interação entre as várias partes do sistema, ou de projetar o sistema de planejamento e controle da produção.

Desse modo, tudo indica que a eficiência do sistema de produção é obtida pela equipe técnica, o que desloca o controle de desempenho, do controle diário da execução de tarefas rotineiras para o controle de decisões no caso de enfrentamento de eventos e para a avaliação do projeto no caso da implantação de novas tecnologias.

Já a capacidade de inovar e a agilidade para adotar novas tecnologias é um desafio para as grandes empresas, mais lentas para decidir. Em vista disso, partes do processo de inovação são deslocadas para *startups* tecnológicas que fornecem inovação em produto ou processo para as grandes empresas.

Por fim, o constante lançamento de novos módulos para seus produtos pode ser feito por indústrias independentes que contribuem para manter o interesse do mercado em seus produtos. É o caso da Apple, que permite que produtores de aplicativos usem seu site para os disponibilizar e com isso mantém um leque de aplicativos que complementam e enriquecem o produto básico.

7.3.4 O CONTEÚDO DO TRABALHO

Com isso podemos retomar o exame do conteúdo do trabalho, completando a discussão sobre emprego e trabalho já exposta. Prevê-se que a automação e a conectividade intensas da quarta era industrial trarão grandes mudanças para o trabalho no chão da fábrica. Os dois principais eixos de análise serão o conteúdo do trabalho e o controle que o trabalhador detém sobre sua atividade.

Quanto ao conteúdo, o trabalho pode ser classificado como cognitivo ou manual, e como de rotina ou não rotina. Sabe-se que parte dessas operações foram ou podem ser substituídas pela mecanização, pela automação ou pela inteligência artificial, conforme o Quadro 7.1, cabendo aos operadores o papel de controladores da máquina, atuando onde ela não pode atuar.

Quadro 7.1 O impacto da tecnologia no trabalho.

	Rotina	Não rotina
Cognitivo	Substituído pela automação	
Manual	Substituído pela mecanização	Substituído pela AI

Fonte: elaborado a partir de Frey e Osborne (2013).

O impacto da tecnologia atinge todas as atividades, inclusive a forma como trabalhamos.

A revolução tecnológica de agora se dá pela transformação de tarefas não rotinizadas em problemas bem definidos. O processo de definir estes problemas usa a análise de dados abundantes, que viabiliza retratar uma situação a partir de parâmetros múltiplos. Com o uso de *data science*, é possível descobrir padrões nas tarefas não rotinizadas de maneira que decisões operacionais possam ser automatizadas, como no caso do carro autônomo – o piloto automático recebe leituras do ambiente a sua volta e classifica a situação como virar a esquerda, diminuir a velocidade ou parar, por exemplo (FREY; OSBORNE, 2013; PROVOST; FAWCETT, 2016).

Os trabalhos cognitivos e não rotinizados usam a inteligência criativa, por exemplo desenvolvendo soluções criativas para resolver um problema, e/ou a inteligência social, por exemplo em casos de negociação com um grupo que reúna diferentes interesses.

Já o trabalhador que atuará na fábrica 4.0, este deverá reunir uma série de habilidades que hoje não são encontradas na fábrica tradicional, como: conhecimento e habilidade em TI; processamento e análise de dados; conhecimento de *data science*; conhecimento de estatística; capacitação para análise organizacional e processual; habilidade para interagir com interfaces modernas; adaptabilidade e habilidade para mudança; capacidade de trabalho em equipe; inteligência social e capacidade de comunicação (KLEINDIENST et al., 2016).

Tal conjunto de capacitações demandará alta escolarização dos operadores, para que dominem as técnicas disponíveis no momento de contratação e para que tenham facilidade de apender as novas que surgirão.

7.3.5 A ESTRUTURA ORGANIZACIONAL

Como já foi dito, a organização para a Indústria 4.0 provavelmente será mais próxima da estrutura orgânica do que da estrutura mecanizada, o que se depreende da alta qualificação do trabalhador e da complexidade técnica do ambiente do trabalho. Uma questão que não fica clara ainda é o grau de autonomia que terão para desenvolver seu trabalho, pois acreditamos que o nível de autonomia dependerá do projeto técnico.

Com essas perspectivas, a forma organizacional que mais se aproxima das necessidades da Indústria 4.0 é a estrutura voltada para a constante inovação. Nessa estrutura, a principal atividade que define o valor da empresa é a pesquisa e desenvolvimento, que pode estar em um laboratório com limites bem definidos ou pode se espalhar por toda a empresa. Em geral, os processos operacionais são organizados por projeto ou processo, sem departamentos estanques e os especialistas são incentivados a trabalhar em grupos multidisciplinares, de maneira a facilitar a troca de informações.

O ING, banco holandês, já modificou sua estrutura para se adequar à forma mais orgânica. Implantou uma estrutura matricial com equipes multidisciplinares de nove pessoas que trabalham em projetos curtos que formam um projeto maior, e com seções que agrupam especialistas por área de conhecimento, nas quais podem discutir os problemas técnicos de sua especialidade. Segundo declaração do executivo que conduziu a mudança, a eficiência aumentou 30% e o engajamento dos funcionários cresceu (SCHERER, 2017).

Esse tipo de estrutura, antes comum apenas a empresas de projetos, é um exemplo do que se espera para a Indústria 4.0.

7.3.6 A CADEIA DE PRODUÇÃO DE VALOR

A cadeia de produção 4.0 tende a ser mais difusa e complexa. A abrangência territorial da cadeia pode aumentar, com participantes espalhados pelo mundo, ao mesmo tempo que a facilidade de comunicação os "aproxima". A IoT possibilita que detalhes da negociação sejam acertados automaticamente e as pessoas focalizem em questões mais importantes ou difíceis.

Simultaneamente, é possível que a necessidade de reconfiguração rápida para inovar em produtos e processos leve as grandes empresas a associar-se a pequenas *startups* por breves períodos. As *startups* como empresas pequenas e jovens são ágeis e conseguem responder rapidamente às demandas por inovação, por outro lado, não têm acesso ao mercado que as grandes empresas dominam.

Os seis eixos discutidos aqui, a conectividade como conceito básico, o mercado consumidor e o mercado de mão de obra, o conceito de produtividade, o conteúdo do trabalho, a estrutura organizacional e a cadeia de produção de valor, representam os aspectos organizacionais da Indústria 4.0. A partir deles é possível prever as necessidades de preparação da empresa para a mudança organizacional coerente com a nova forma de produção.

7.4 CONSIDERAÇÕES FINAIS

A implantação de sistemas de automação como os descritos, que levam a uma reorganização total da manufatura, dependem de uma análise detalhada da empresa, levando em conta a viabilidade econômica, de mercado e técnica.

Não existem garantias de que a mudança seja vantajosa para a empresa, pois existe um temor implícito nos estudos de que é um risco grande se aventurar em tal processo e se deparar com problemas de implantação que inviabilizem o negócio. Todavia, como há um risco também em não iniciar o processo de mudança e ficar para trás é provável que as várias modalidades de produção convivam ainda por muito tempo, de maneira que se encontre uma fábrica 4.0 de um lado da rua e do outro uma empresa 3.0, ou mesmo uma 2.0.

Figura 7.6 Fábricas 4.0 serão ladeadas por modelos clássicos de produção.

Do ponto de vista dos critérios de análise da produção vigentes no modelo 3.0 de produção (qualidade do produto, capacidade de inovação, segurança do trabalho e sustentabilidade) a nova tecnologia seria um avanço. No entanto, para se tornar realidade, uma série de desafios teriam de ser superados:

- técnicos e trabalhadores mais bem capacitados, o que demanda uma reestruturação do ensino de tecnologia e engenharia;
- garantia da privacidade das pessoas e, coerentemente, mudança na legislação para contemplar situações envolvendo as novas tecnologias (por exemplo, o uso de objetos espiões);
- mudanças no perfil dos empregos que devem aprofundar a desigualdade social, e para isso ainda não há nenhuma saída pensada;
- melhora na educação básica, principalmente no ensino de matemática, ciências e tecnologia.

Finalmente, é necessário ressaltar que a Indústria 4.0 não é um modelo único, com tecnologias obrigatórias. A Indústria 4.0 se refere a um passo a mais na evolução tecnológica que pode agregar todos os aspectos organizacionais e tecnologias citadas aqui ou apenas uma parte deles. As empresas escolherão as tecnologias a serem implantadas de acordo com a sua necessidade e o retorno que esperam delas. Assim, dependendo da situação, pode ser que a empresa decida por uma mescla desse modelo com tecnologias mais antigas, mais adequadas às suas necessidades, compondo dessa forma o seu modelo de Indústria 4.0..

REFERÊNCIAS

ACKOFF, R. L. *Redesigning the future*: a systems approach to societal programs. New Jersey: Wiley, 1974.

AMAZON.COM. New and interesting finds on Amazon. US: AMAZON. Disponível em: <https://www.amazon.com/b?node=16008589011>. Acesso em: 23 jan. 2018.

BOGUE, R. Towards the trillion sensors market. *Sensor Review*, v. 34, n. 2, p. 137-142, 2014.

CHANDLER, A. D.; HIKINO, T.; CHANDLER, A. D. *Scale and scope*: the dynamics of industrial capitalism. Cambridge: Harvard University Press, 2009.

DATTA, S. P. A. Dynamic socio-economic disequilibrium catalyzed by the internet of Things. *Journal of Innovation Management*, Porto, v. 3, n. 3, p. 4-9, 2015.

KLEINDIENST, M. et al. What workers in Industry 4.0 need and what ICT can give: an analysis. In: INTERNATIONAL CONFERENCE ON KNOWLEDGE TECHNOLOGIES AND DATA DRIVEN BUSINESS, 16., 2016, Graz. Disponível em: <https://cms.igd-r.fraunhofer.de/fileadmin/user_upload/hcii4-0/HCII40_2016_paper_7.pdf>.

MITAL, A.; PENNATHUR, A. Advanced technologies and humans in manufacturing workplaces: an interdependent relationship. *International Journal of Industrial Ergonomics*, v. 33, n. 4, p. 295-313, 2014.

PROVOST, F.; FAWCETT, T. *Data science para negócios*. Rio de Janeiro: Alta Books, 2016.

SCHERER, A. Por que o maior banco da Holanda quer se parecer com o Spotify. *Revista Exame*, São Paulo, 8 jan. 2017. Disponível em: <https://exame.abril.com.br/revista-exame/por-que-o-maior-banco-da-holanda-quer-se-parecer-com-o-spotify/>. Acesso em: 7 jun. 2018.

SMITH, A. *A riqueza das nações*. São Paulo: Nova Fronteira, 2017.

TAYLOR, F. W. *Princípios de administração científica*. Tradução de Arlindo Vieira Ramos. *São Paulo*: Atlas, 1970.

WOMACK, J. P.; JONES, D. T.; ROOS, D. *A máquina que mudou o mundo*: baseado no estudo do Massachusetts Institute of Technology sobre o futuro do automóvel. Rio de Janeiro: Campus, 2004.

CAPÍTULO 8
INDÚSTRIA 4.0 E SUSTENTABILIDADE

Enio Antonio Ferigatto

Silvia Helena Bonilla

8.1 INTRODUÇÃO

A sociedade almeja uma melhoria de qualidade de vida e a indústria tem contribuído com esse objetivo mediante tanto a disponibilização de produtos de qualidade e adaptados às necessidades quanto propiciando ambientes e condições de trabalho adequadas para os trabalhadores. Contudo, o paradigma atual de produção não é ambientalmente sustentável.

Nesse contexto, membros da sociedade, governo e organizações não governamentais demandam que o setor industrial efetue suas atividades de forma econômica, ambiental e socialmente sustentável. Essa exigência é genuína, pois, tem ficado evidente que o papel da produção apenas como meio de obter lucro leva à desigual distribuição de riqueza, ao uso do trabalho humano em condições que não o dignificam e à utilização dos estoques e serviços ambientais como se fossem infinitos. O paradigma da sustentabilidade ambiental restringe a produção dentro dos padrões impostos pelos limites ecológicos. Assim, os recursos naturais não deveriam ser usados com uma velocidade maior que aquela da sua regeneração nem os resíduos ser gerados mais rapidamente que a capacidade natural de absorção da biosfera (DALY, 1980). Para o caso de uma produção "ambientalmente sustentável" (entre aspas para estabelecer que o termo é usado sem rigor científico, apenas da forma habitual), aquela que opera dentro dos limites do modelo de sustentabilidade ambiental fraca, as exigências contemplam o uso criterioso dos recursos naturais, o lançamento de emissões e efluentes devidamente tratados e a disposição adequada dos resíduos oriundos da produção.

Por outro lado, os consumidores, embora na atualidade muito mais cientes da finitude dos recursos naturais, estão longe de se adaptar aos princípios do consumo consciente e exigem a oferta de uma quantidade de produtos muito além das suas reais necessidades. Esse panorama que incentiva o aumento do consumo e da produção contribui para a depleção dos recursos não renováveis, as mudanças climáticas e a perda da biodiversidade, entre outros impactos de índole ecológica.

Embora a visão empresarial ainda não seja unânime, hoje é demonstrado em múltiplos casos de sucesso e resultados acadêmicos que atuar de forma ambientalmente proativa não é sinônimo de despesas. As organizações começaram a perceber os benefícios e a vantagem competitiva associados com as atividades pró-ambientais. Os benefícios resultantes abrangem aspectos variados como a satisfação dos *stakeholders* na atualidade mais engajados ambientalmente, o controle de contaminação, a melhoria do desempenho financeiro resultante da abertura para novos mercados externos mais exigentes e do fornecimento para cadeias sustentáveis, e a obtenção de certificação ambiental com a consequente melhora da imagem da empresa.

A Indústria 4.0 surge nesse panorama complexo da junção da oferta de tecnologias e ferramentas com a necessidade de aumento de produtividade por conta de consumidores mais exigentes e diferenciados. O princípio direcionador do novo paradigma não está focado em oferecer soluções aos problemas ecológicos enfrentados pela produção, mas no aumento de produtividade. Entretanto, esse aumento da produtividade apoia-se em tecnologias diferenciadas, que permitem a flexibilização, a descentralização do processo de manufatura, a customização dos produtos e o intercâmbio de informação em tempo real. Mas, esse novo paradigma de produção precisa da manutenção de uma infraestrutura específica para permitir a transferência de grande número de dados e a comunicação em tempo real entre os dispositivos físicos. Embora por conta da manutenção da estrutura tanto virtual quanto física inerente à Indústria 4.0 se precise de um orçamento ambiental razoável, sua influência em curto e longo prazo na sustentabilidade ambiental ainda é difícil de ser prevista. Não há na atualidade uma visão única nem incontestável referente a como a Indústria 4.0 irá impactar na sustentabilidade em longo prazo, somado ao fato da escassa literatura que aborda o assunto (SMIT, 2016).

O que fica evidente são os desafios ambientais intrínsecos que a disseminação da Indústria 4.0 irá enfrentar. Em primeiro lugar, o surgimento de novas necessidades, próprias do emprego da tecnologia, sem as quais ela não poderia ser implementada com sucesso.

A linha de pensamento empregada para abordar e organizar a discussão diferencia alguns cenários de atuação da Indústria 4.0. Esses cenários correspondem a situações que a Indústria 4.0 já enfrenta desde seu aparecimento em 2011 e outras que acreditamos venha a enfrentar como decorrência de novas exigências. No âmbito de cada cenário, há elementos ou aspectos relevantes ao conceito de sustentabilidade ambiental que irão sofrer influência direta com a adoção da Indústria 4.0. Eles são apresentados e discutidos e, posteriormente atrelados aos impactos que irão gerar na sustentabilidade ambiental. Esses impactos podem ser positivos ou negativos, segundo o caso, e irão contribuir ou interferir negativamente na sustentabilidade ambiental. A Figura 8.1 mostra o esquema que representa a linha de pensamento usada.

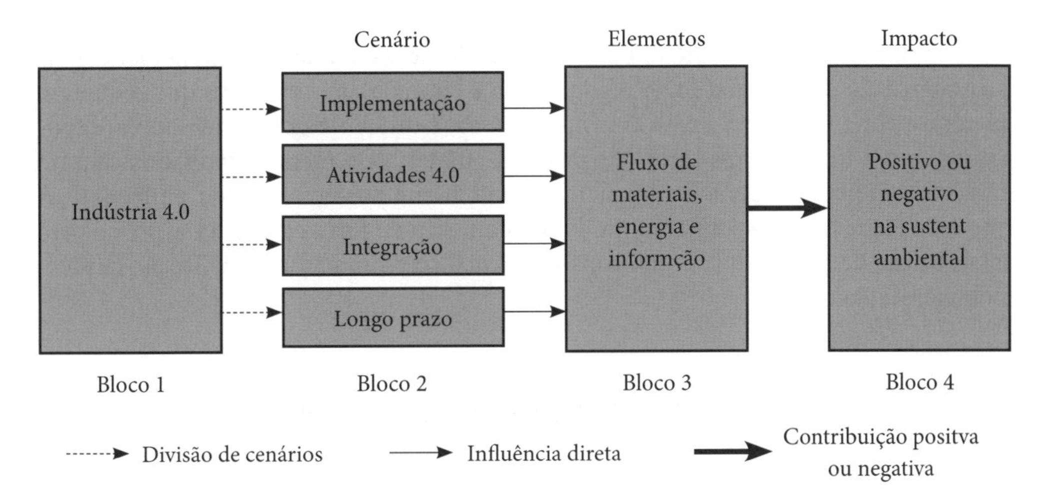

Figura 8.1 Esquema que representa a linha de pensamento usada.

Resumidamente, o primeiro bloco corresponde aos conceitos e tecnologias que estruturam a Indústria 4.0, o segundo representa os quatro cenários a serem analisados. No bloco 3, avaliam-se os elementos que sofrem influência, enquanto os impactos positivos e/ou negativos de cada cenário na sustentabilidade ambiental correspondem ao bloco 4.

O primeiro bloco representa a Indústria 4.0, com seus conteúdos físicos, conceituais e virtuais. O segundo bloco representa os quatro cenários a serem analisados os quais envolvem diferentes contextos da Indústria 4.0. O primeiro cenário corresponde à implantação; o segundo às atividades de operação da Indústria 4.0. O terceiro cenário representa a situação na qual os objetivos da Indústria 4.0 se integram aos objetivos da sustentabilidade ambiental (chamado de cenário de integração), estágio que acreditamos irá acontecer em breve à luz das pressões legais, institucionais e sociais. E, por último, é considerado o cenário em longo prazo, do qual é mais difícil efetuar um prognóstico porque há muitos fatores que podem vir modificar o que se acredita ser a tendência imperante. O terceiro bloco da Figura 8.1 agrupa os elementos relevantes do ponto de vista da sustentabilidade ambiental, que sofrem influência direta da adoção da Indústria 4.0 em cada cenário considerado. Esses elementos que sofrem influência correspondem a fluxos de matéria, energia e informação. Por último, o bloco 4 identifica os impactos. Para que o esquema tenha sentido lógico ele deve ser acompanhado horizontalmente, considerando-se cada cenário individualmente e observando os elementos que ele influencia e como estes, por sua vez, impactam positiva ou negativamente a sustentabilidade ambiental.

8.2 CENÁRIO DE IMPLANTAÇÃO

A implantação requer um orçamento ambiental inerente à própria tecnologia. Dispositivos eletrônicos, robôs (onde antes um empregado exercia sua função), terminais de computador, sensores, atuadores, demandam recursos materiais e energéticos na sua fabricação e implantação. A digitalização é baseada em *hardwares* que requerem matéria-prima que, além de escassa na natureza, é difícil de extrair, manipular e purificar, como lítio e terras raras. Os fluxos de materiais e metais envolvidos causam passivos ambientais, gerando impactos negativos na sustentabilidade ambiental. A previsão é que haja um aumento no direcionamento de fluxos de matéria-prima para a fabricação de dispositivos como consequência da disseminação da aplicação das tecnologias digitais.

8.3 CENÁRIO DE ATIVIDADES DA INDÚSTRIA 4.0

Este cenário representa a Indústria 4.0 já em operação e como as atividades inerentes influenciam no uso de recursos, matéria-prima, energia e geração de resíduos. Na sequência, será avaliado o impacto sobre a sustentabilidade ambiental de cada atividade. Espera-se que as atividades da Indústria 4.0 provejam de suporte contínuo à gestão de materiais e energia. A disponibilização de informação em tempo real e em cada ponto do processo de produção poderá auxiliar na otimização do uso de recursos e energia. A comunicação entre empresas permitirá compartilhar energia e alocá-la de forma eficiente sendo que todas podem se beneficiar com economia de energia. Essa otimização pode ser atingida também em toda a cadeia de valor.

A inserção de novas tecnologias de manufatura, como a manufatura aditiva, promove a fabricação camada a camada por impressão 3-D. Embora apresente ainda algumas limitações de acabamento superficial, ela permite fabricar objetos a partir de vários materiais (cerâmica, plásticos, metais), com economia de material e sem resíduos. Muito usada em peças isoladas ou customizadas, tem-se mostrado promissora para manufatura em série. O uso de material de maneira eficiente, a manutenção e até a melhora das propriedades mecânicas dos produtos irão impactar positivamente no seu ciclo de vida e, como consequência, na sustentabilidade ambiental.

Espera-se que o monitoramento e controle, próprio da Indústria 4.0, colabore para aperfeiçoar o uso eficiente de recursos em vários aspectos. Tanto em melhorias localizadas, no equipamento em particular, quanto na reestruturação da sequência de manufatura, ou em toda cadeia de valor nas empresas operando globalmente.

A flexibilização, necessária para promover a fabricação de produtos customizados, permite duas abordagens. Uma abordagem mais negativa no sentido de se pensar que a possibi-

The Fourth Industrial Revolution. How Industry 4.0 is going to impact Human Life?

lidade de customizar possa vir promover a necessidade de possuir mais objetos, alimentando um hedonismo em curto prazo, uma sensação de felicidade efêmera. Mas, esse tipo de questionamento está além do escopo do capítulo. Por outro lado, o produto customizado pode vir eliminar funcionalidades não desejadas ou desnecessárias para o uso final. Tendo em conta que cada funcionalidade requer recursos materiais e energia incorporada, a flexibilização pode impactar positivamente na sustentabilidade ambiental economizando materiais e energia que não precisam ser usados.

A otimização da logística de transporte pode ter um impacto positivo como consequência da diminuição de combustível por descentralização. Espera-se que haja uma diminuição no deslocamento de pessoas para efetuar manutenção ou para transportar peças de reposição, as quais poderão ser fabricadas por impressão próxima ao local.

A forma de fazer negócios também será atingida pela adoção da Indústria 4.0, e o novo paradigma é a venda de serviços e não mais a venda de produtos de forma isolada. Essa nova modalidade pode aumentar a vida útil do produto, já que não é importante vender mais produtos, mas vender a funcionalidade e a manutenção. A mudança levaria a um uso mais consciente de matéria-prima com a consequente contribuição à sustentabilidade ambiental.

8.4 CENÁRIO DE INTEGRAÇÃO DA INDÚSTRIA 4.0 E SUSTENTABILIDADE

A análise é feita a partir do estabelecimento de uma plataforma de integração, onde a Indústria 4.0 e a sustentabilidade ambiental (e seus objetivos e ferramentas) se permitam interagir e identificar os pontos onde a primeira contribui de forma planejada com a segunda. Nos dois primeiros cenários analisados anteriormente, os impactos na sustentabilidade ambiental (positivos ou negativos), não são oriundos de ações planejadas para tal fim. Não é um dos objetivos primários da Indústria 4.0 o de operar dentro do modelo de sustentabilidade, embora como foi visto, algumas das características intrínsecas da tecnologia possam vir a contribuir no que tange à otimização de recursos e energia, por exemplo.

A criação do cenário estabelece-se a partir da identificação dos pontos de sinergia entre as duas abordagens, e propõe-se o contexto das metas da ONU, os Objetivos de Desenvolvimento Sustentável (ODS) (BRASIL, 2015) para essa integração. Os ODS, segundo mandato emanado da conferência Rio+20, são as diretivas surgidas do consenso entre os países participantes que irão nortear as políticas nacionais e as atividades de cooperação internacional nos próximos quinze anos.

Dentre os dezessete ODS que compõem o conjunto, nós selecionamos aqueles objetivos mais aderentes, ou seja, aqueles que mostram um conteúdo integrador entre aspectos ecológicos e de produção. São eles o OD#7 "Energia acessível e limpa", o ODS#9 "Indústria, inovação e infraestrutura", o ODS#12 "Consumo e produção responsável" e o ODS#13 "Combate às alterações climáticas".

Foram, então, identificadas as características da Indústria 4.0 plausíveis de interagir proativamente com o conjunto de ODS selecionados para, dessa forma, estabelecer a plataforma do cenário. As características da Indústria 4.0 que apresentam oportunidades de interação proativa com a sustentabilidade ambiental são as seguintes: digitalização, monitoramento de fluxos de matéria e energia, acesso à informação e inovação.

A digitalização permite aumentar as oportunidades para a economia de energia. Isso pode acontecer via substituição de tecnologias, aplicação de *softwares* e algoritmos para otimização de energia e adaptações nos processos de negócios. As redes inteligentes (*smart grid*) permitem tomar decisões em tempo real relativas à escolha de fontes energéticas com menos emissão de carbono quando se atinge o limite máximo estabelecido.

Sensores capazes de monitorar fluxos de matéria e energia em toda a cadeia de valor permitem inventários de ciclo de vida e tomada de decisões mais eficiente. A possibilidade do acesso à informação sobre todos os materiais que compõem qualquer produto irá permitir no fim da vida útil do produto, criar estratégias quanto à separação, reciclagem, ou até disposição final menos onerosa para o meio ambiente. A integração horizontal de toda a cadeia de valor permite focar no ciclo de vida dos produtos e acompanhar suas interações com outros processos (STOCK; SELIGER, 2016).

A quantidade de informação gerada quando adotada a Indústria 4.0 irá contribuir na produção de dados confiáveis capazes de alimentar bases nacionais e auxiliar políticas públicas. No nível empresarial, relatórios de sustentabilidade alimentados de dados confiáveis, irão evitar a "lavagem verde" (*greenwashing*). A menor ingerência humana no processo de coleta de dados contribui para informações mais transparentes aos *stakeholders*.

Se na atualidade a inovação é a principal promotora da Indústria 4.0, a integração com a sustentabilidade irá promover mais ainda a eco-inovação. Essa prática pode vir a impactar positivamente a sustentabilidade ambiental a partir de várias frentes: novos negócios que promovam o aumento de vida útil do produto, novos materiais mais leves, projetos de produtos sob a abordagem de *design for environment*, nanomateriais, algoritmos para otimizar uso de energia etc.

8.5 CENÁRIO EM LONGO PRAZO

A influência na sustentabilidade em longo prazo requer um prognóstico difícil de se fazer. A Indústria 4.0 está num estágio incipiente e concentrada geograficamente, além de ser adotada por multinacionais de grande porte.

Além de precisar de previsões longitudinais, seria necessário estabelecer cenários considerando distribuição geográfica mais uniforme e adoção por empresas de variados portes. Ainda assim, acredita-se que do ponto de vista de gestão de negócios, a Indústria 4.0 possa ser competitiva em longo prazo.

Sustainable Industrial Development

Dependendo da forma como a sociedade, os centros de estudo e capacitação, as indústrias e o governo lidem com a absorção da mão de obra que não se encaixa no novo perfil exigido e na formação de funcionários adaptados ao novo paradigma, o prognóstico pode variar.

Green Growth: A New Model for Sustainable Development in Asia

Em longo prazo, o impacto que a Indústria 4.0 irá exercer sobre a sustentabilidade ambiental não é tão direto quanto o dos cenários avaliados anteriormente. A reação da sociedade ao novo paradigma, acreditamos, será fundamental para direcionar os tipos de impactos.

Se a disseminação da Indústria 4.0 não acontecer de forma uniformemente distribuída geograficamente, haverá nichos de países prejudicados econômica e socialmente, o que irá aumentar a diferença entre países desenvolvidos e em desenvolvimento.

Nas sociedades mais prolíficas economicamente, corre-se o risco da falta de apelo pela produção e consumo conscientes, resultando em um consumo exagerado motivado pela oferta da customização e novos produtos. Adicionalmente, novas necessidades irão surgir inerentes à nova tecnologia, como dispositivos, drones, sensores, que irão requerer materiais para sua fabricação.

A infraestrutura para manter e oferecer segurança à transferência de dados, também pode refletir grande concentração de recursos e energia.

Vários fatores podem vir influenciar o desenvolvimento da Indústria 4.0 em longo prazo, embora acreditemos que dentre eles o grau de sinergia atingido com os ODS de índole social e ambiental e a distribuição geográfica da tecnologia sejam determinantes na interação proativa com a sustentabilidade ambiental.

A seguir o Quadro 8.1 resume as características da Indústria 4.0 que interagem e impactam tanto positiva quanto negativamente a sustentabilidade ambiental.

Quadro 8.1 Resumo das características da Indústria 4.0 e os impactos esperados na sustentabilidade ambiental.

Características	Tendência	Impacto esperado sobre a sustentabilidade ambiental
Necessidade aumentada de dispositivos eletrônicos	Aumento de fluxos de material, terras raras, lítio, energia	Negativo
Monitoramento e controle	Informação sobre fluxos de matéria e energia	Positivo
Informação integrada horizontal e verticalmente	Informação sobre fluxos de matéria e energia, ao longo do ciclo de vida	Positivo
Software e algoritmos de otimização	Controle sobre uso de matéria e energia	Positivo

(*continua*)

(continuação)

Características	Tendência	Impacto esperado sobre a sustentabilidade ambiental
Inovação	Adoção de materiais leves, manufatura aditiva	Positivo
Novos modelos de negócio	De produtos para serviços	Positivo
Descentralização	Logística otimizada, menor deslocamento	Positivo
Produtos customizados	Maior consumo Consumo focando função	Negativo Positivo

REFERÊNCIAS

BRASIL. Ministério das Relações Exteriores. *Objetivos de Desenvolvimento Sustentável (ODS)*. Brasília, DF, 2015. Disponível em: <http://www.itamaraty.gov.br/pt-BR/politica-externa/desenvolvimento-sustentavel-e-meio-ambiente/134-objetivos-de-desenvolvimento-sustentavel-ods>. Acesso em: 7 jun. 2018.

DALY, H. E. *Economics, ecology, ethics*: essays toward a steady-state economy. San Francisco: W. H. Freeman, 1980.

SMIT, J. et al. *Industry 4.0*: study for the ITRE Committee. Luxembourg: European Parliament, 2016. Disponível em: <http://www.europarl.europa.eu/RegData/etudes/STUD/2016/570007/IPOL_STU(2016)570007_EN.pdf>. Acesso em: 7 jun. 2018.

STOCK, T.; SELIGER, G. Opportunities of sustainable manufacturing in Industry 4.0. *Procedia CIRP*, v. 40, p. 536-541, 2016. Disponível em: <https://www.sciencedirect.com/science/article/pii/S221282711600144X>. Acesso em: 7 jun. 2018.

CAPÍTULO 9
A SEGURANÇA DA INFORMAÇÃO NA INDÚSTRIA 4.0

Ataíde Pereira Cardoso Jr.

Alessandro Wendel Borges de Lima

9.1 INTRODUÇÃO

Observando os eventos de tecnologia ao logo dos tempos, não é possível relacionar tecnologia sem observar aspectos de segurança da informação ligados a esse contexto. Assunto que causa grande interesse para as pessoas do mundo todo e ecoa uma só pergunta, estamos seguros? Essa questão é algo relativamente complexa para ser respondida imediatamente sem avaliar com critério suas vertentes, neste capítulo vamos abordar os aspectos da segurança da informação e descobrir os caminhos que nos levam ao entendimento dessa questão.

Desde muito tempo, pessoas e corporações têm sido influenciadas diretamente sobre as mudanças tecnológicas em seu cotidiano. A todo instante surgem novas descobertas, novos dispositivos aprimorando a cultura da nossa sociedade contemporânea, vivemos num mundo de informação, a internet é apenas um dos meios que constatam essa afirmação. Estudiosos das mais diversas áreas, não apenas da tecnologia, analisam o comportamento do ser humano diante dessas interações. Muitas vezes o ser humano é responsabilizado diretamente pelas falhas ocorridas na transação de suas informações, mas podemos entender também que a tecnologia, tão abrangente e disponível, tem parcela significativa nos temores da sociedade.

9.2 A DEPENDÊNCIA DA INFORMAÇÃO NAS EMPRESAS

Se olharmos para o passado, percebemos nitidamente diversas fases de evolução dentro das empresas, principalmente na forma como as empresas usam a informação para administrar seus negócios, também, as mudanças de fase, as novas ferramentas ao longo dos anos.

Cyber security for Industry 4.0 - What I know so far 2017-04-05

Há cerca de 40 anos, as informações dentro das empresas eram tratadas de modo centralizado, com pouca tecnologia e quase nenhuma automação, os primeiros lampejos da tecnologia da informação apareciam ora aqui ora ali. A princípio era apenas uma nova ferramenta que veio para auxiliar os processos e a gestão da companhia. Várias limitações eram apontadas, como: de armazenamento, de processamento, de acesso à informação a vários elementos dentro da companhia, e outras mais. Para muitos empresários, tecnologia era sinônimo de despesa.

Era de se esperar que, após um profundo contato continuado com as novas tecnologias, houvesse uma modificação significativa dos perfis dos empresários e dos gestores adaptando-se a essa nova cultura tecnológica. Ao mesmo tempo, a amortização dos investimentos tornou-se visível e, consequentemente, começaram a aparecer os frutos dessa nova "cultura". Mesmo sabendo que as empresas tinham muita informação armazenada e que igualmente havia um infinito conteúdo de informação manuscrita, uma das funções centrais da tecnologia era o armazenamento dos dados, e a informação passou então a ser disseminada de maneira nunca antes vista.

Mas, alguns anos se passaram e as empresas entraram em um novo patamar, experimentaram e aplicaram tecnologia como nunca dentro das corporações, atingindo altos níveis de conectividade e compartilhamento de dados. Computadores viraram coisa do passado, a tecnologia agora é móvel, a informação está ao alcance da mão de cada executivo, cada funcionário pode interagir instantaneamente de qualquer lugar e gerar resultados para a tomada de decisões, paradigmas foram quebrados, a informação que antes era local e privada agora chega a qualquer parte do mundo disponibilizada de acordo com a permissão, em questão de segundos, com a internet.

9.3 DE ONDE VEM O PERIGO?

Para entender rapidamente a fonte de potenciais perigos à segurança da informação, podemos elencar uma série de argumentos que nos ajudam a responder aos graus de fragilidade que nossa informação vive atualmente. Pense nisso para sua empresa e para você, avalie suas implicações e faça uma radiografia do perigo ao qual estamos expostos (SÊMOLA, 2002).

- Crescimento exponencial na digitalização das informações.
- Crescimento dos elementos de conectividade dentro da companhia.
- Crescimento de todas as relações eletrônicas entre as empresas.
- Crescimento vertiginoso do compartilhamento de informações.

- Baixo custo dos computadores e de todos os dispositivos que têm acesso à informação, o que facilita a sua aquisição.
- Utilização de dispositivos pessoais como *smartphones*, com sua alta capacidade de interconectividade, dentro do ambiente de trabalho e fora dele também.
- Disponibilidade de acesso à internet.
- Regras ineficientes para identificação de usuários na internet.
- Proliferação de técnicas de ataque de invasão.
- Desconhecimento, amplitude e uma certa confusão nos mecanismos legais para responsabilizar malfeitores de crimes digitais no país.
- Tipificação do estereótipo do *hacker*, apontado como um gênio e herói que obteve êxito em uma invasão.
- Crescente valorização da informação, apontada como principal ativo na gestão das empresas.

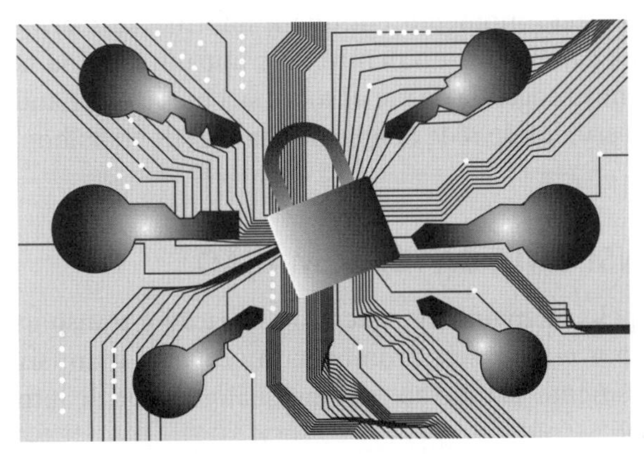

Figura 9.1 Segurança de informações.

9.3.1 CICLO DE VIDA DA INFORMAÇÃO

Agora que temos a percepção de quão valiosa é a informação, fazendo uma análise detalhada, para as empresas sempre está implícito valor monetário e também para as pessoas, na grande maioria das vezes. Temos ainda condições de determinar com mais profundidade os aspectos ligados à segurança da informação, estabelecer as propriedades que são preservadas e protegidas, para que estas sejam efetivamente controladas e aplicadas no ciclo de vida da informação.

Toda informação sofre influência das três propriedades principais: confidencialidade, integridade e disponibilidade, associadas aos aspectos de autenticidade e legalidade que completam estas influências (NBR ISO/IEC 27002, 2013).

O ciclo de vida da informação é completo quando observamos com atenção os momentos em que os dados sofrem a incidência do risco. Esses momentos são observados justamente quando os ativos tecnológicos, os ativos físicos e os seres humanos promovem a manipulação da informação, ao executar processos que mantém a operação das empresas.

9.3.2 O MANUSEIO DA INFORMAÇÃO

Caracterizado pelo momento em que a informação é criada ou manipulada, quando se tem acesso a uma pasta com documentos ou quando se digita informações recém geradas em uma aplicação seja ela de internet ou de rede corporativa, e até mesmo no momento em que se digita a senha para autenticar um subsistema ou mesmo ligar seu computador no início do dia.

9.3.3 O ARMAZENAMENTO DA INFORMAÇÃO

Corresponde ao exato momento em que a informação é armazenada, tanto em um banco de dados compartilhado dentro da companhia ou na nuvem como numa simples anotação em sua agenda de papel sobre sua mesa, ou criando uma pasta compartilhada em seu servidor de rede dentro de sua área de trabalho.

9.3.4 O TRANSPORTE DA INFORMAÇÃO

Caracterizado pelo momento em que a informação é transportada, seja encaminhando um dado por e-mail, seja promovendo o *upload* a um sistema residente na internet, ou simplesmente falando ao telefone qualquer tipo de informação que tenha caráter confidencial.

9.3.5 O DESCARTE DA INFORMAÇÃO

É caracterizado por ser um momento crítico extremamente importante no sentido da segurança da informação, seja ao depositar em uma lixeira da companhia qualquer tipo de material impresso, ou ainda fazendo despejo de arquivos eletrônicos do seu computador, ou simplesmente, descartando uma mídia de CD-ROM que apresentou falha de leitura ou de gravação.

9.4 CONCEITOS DA SEGURANÇA DA INFORMAÇÃO

Uma das formas de abordar o conceito da segurança da informação, entender o conceito de proteção dos ativos que envolvem informação contra entidades não autorizadas, que podem promover de forma indevida a interceptação, a alteração e a indisponibilidade dos itens. Podemos ainda compará-la a uma técnica de gestão dos riscos e incidentes que promove o comprometimento dos três principais conceitos da segurança, que são: integridade, confidencialidade e disponibilidade da informação. Também não é errado identificar a segurança da informação como um conjunto de regras que observam, a todo instante, o ciclo de vida da informação que envolve o manuseio o armazenamento, o transporte e o descarte dos dados que possam permitir a identificação e o controle das ameaças bem como suas vulnerabilidades associadas.

Figura 9.2 Vulnerabilidades.

Autenticidade é um conceito que foi originalmente extraído dos antecessores da confidencialidade e da integridade, principalmente em função de sua importância dentro do contexto da segurança da informação.

O conceito de segurança da informação é que ela é uma prática que pode ser adotada para tornar o ambiente seguro, o termo ambiente no sentido de atividade e preservação dos seus princípios, possui um caráter interdisciplinar, que contém um conjunto de metodologias e aplicações, além do objetivo de estabelecer controles de segurança. Um bom exemplo é a autenticação, autorização e auditoria dos elementos que constituem uma rede de comunicação, além das entidades que manipulam a informação, também conhecida por procedimentos que garantem a continuidade do negócio na ocorrência de qualquer tipo de incidente.

Uma primeira interpretação do termo *segurança* pode ser relacionada à segurança como meio que busca a garantia da confidencialidade, da integridade e da disponibilidade da informação diante da impossibilidade de que os elementos, que participam das transações ou se comuniquem na transferência dos dados, repudiem a autoria de suas mensagens, o aspecto de conformidade de acordo com as obrigações organizacionais que envolvam a legislação e os mecanismos regulatórios necessários para a continuidade dos negócios.

A segunda forma de interpretação da segurança é a segurança como fim, ou seja, a segurança da informação é alcançada de acordo com as práticas e políticas da empresa, voltadas a um formato de padronização organizacional e gerencial dos processos e dos ativos que armazenam, manipulam, transmitem, descartam e recebam as informações.

Dessa forma, fica claro que a segurança da informação tem por objetivo principal a preservação dos três princípios básicos:

- **Confidencialidade**: toda informação deve ser protegida com o seu devido grau de sigilo de acordo com seu conteúdo. Promove a limitação de acesso ou, ainda, que apenas as pessoas a quem são destinadas tenham os poderes e direitos de acessá-la.
- **Integridade**: toda informação deve ser mantida em sua condição original no momento em que foi disponibilizada pelo seu proprietário, e ser protegida contra qualquer tipo de alteração indevida, intencional ou, ainda, acidental.
- **Disponibilidade**: toda informação que foi gerada ou adquirida por uma entidade ou indivíduo, deverá estar disponível aos seus usuários a partir do instante que precisem delas para qualquer tipo de finalidade.

A informação é todo o conjunto de dados utilizados para a transferência de informações e mensagens entre indivíduos, máquinas ou qualquer outro tipo de processo realizado para comunicação que seja transacional (por exemplo, processos realizados em operações que envolvam a transferência de valores monetários).

As informações podem estar presentes em diversos elementos dentro de um processo. Esses elementos chamados de ativos, também se caracterizam como alvos na segurança da informação, principalmente, na manipulação de dados entre eles.

Ativo é todo elemento que executa os processos que compõem a manipulação da informação, a própria informação em si, o meio em que ela é armazenada, os equipamentos que as transportam, os equipamentos utilizados para o descarte e, claro, os equipamentos que as manuseiam nos processos.

Os ativos podem ser agrupados e divididos de acordo com o aspecto de tratativa das informações: equipamentos, aplicações, usuários, ambiente, informação e processo. Dessa maneira, pode-se identificar com grande facilidade as fronteiras de cada agrupamento e tratá-las com especificidade para garantir qualidade nas atividades da segurança da informação.

Entre os muitos elementos considerados essenciais para a prática da segurança da informação colocamos em destaque a autenticação, que se caracteriza pelo processo de identificação e reconhecimento formal das entidades que entram no circuito de comunicação ou ainda fazem parte de uma transação eletrônica que se permitem acesso às informações e ativos operados por elementos de identificação, e a conformidade que o processo que garante específicos cumprimento de obrigação dentro das corporações por seus *steakholders*, ainda possuem aspectos legais e regulatórios que são relacionados diretamente à administração das companhias, baseada em princípios éticos e conduta estabelecido com a alta direção destas. Que faz parte do tripé GRC, modelo de gestão da governança, que envolve os riscos dentro da conformidade empresarial.

O modelo GRC é entendido pela união dos processos de governança, risco e conformidade de uma companhia, esses processos são os responsáveis pela definição das políticas internas da empresa e pelas estratégias que serão empregadas para seu sucesso, quando combinados, esses processos fazem a estratégia atuar de forma unificada e transparente, com avaliação de riscos pertinentes associado à garantia de conformidade com políticas corporativas, leis e regulamentações.

9.4.1 AUTORIZAÇÃO

Dentre os aspectos associados à segurança da informação citamos a autorização, que é a concessão da permissão do acesso às informações e suas funcionalidades pelas aplicações e, sobretudo, aos participantes de um processo na troca das informações, sejam eles usuários ou máquinas. Isso, sempre após a correta identificação das partes. Outro elemento é a auditoria, o processo que tem a tarefa de coletar as evidências do uso e dos recursos que foram interoperados pelas partes e é encarregado de armazenar a identificação das entidades que foram envolvidas na troca das informações, ou seja, a origem e o destino dos dados e dos meios executados para o tráfego da informação.

9.4.2 AUTENTICIDADE

A autenticidade promove a garantia de que as entidades envolvidas na transferência dos dados sejam identificadas pelo processo, ou seja, que os remetentes e os autores sejam exatamente quem eles dizem ser. Usualmente, o termo de autenticidade é usado no contexto da certificação digital, que envolve recursos de criptografia e *hash*. São usados principalmente para a atribuição de rótulos de identificação a alguns tipos de mensagem em arquivos compartilhados entre os membros de uma comunicação ou infraestrutura baseados em chave pública.

Figura 9.3 Autenticidade.

9.4.3 SEVERIDADE E CRITICIDADE

A severidade é a determinação da gravidade ou dano que um determinado ativo possa sofrer, sobretudo, da exploração de suas vulnerabilidades ou qualquer tipo de ameaça que possa ser aplicável a ele. A criticidade é a referência ao impacto do negócio causado tanto pela ausência de um ativo ou pela redução da capacidade de operação de suas funcionalidades junto a um processo ou a uma transmissão de dados.

9.4.4 AMEAÇAS

As ameaças são os agentes, ou qualquer condição, que possam ou tenham potencial de causar incidentes que promovam o comprometimento das informações e seus ativos, sobretudo, pela exploração de suas vulnerabilidades, provocando perdas da confidencialidade, integridade, disponibilidade e, ainda, causando impacto significativo aos negócios de uma companhia. As ameaças podem ser classificadas de acordo com sua intencionalidade e são divididas em:

- **Naturais:** são as ameaças decorrentes, sobretudo, dos fenômenos da natureza, como incêndios naturais, terremotos, tempestades eletromagnéticas, enchentes, maremotos, aquecimento, poluição e outros mais.
- **Involuntárias:** provocados de forma inconsciente, quase sempre causadas pelo desconhecimento ou ignorância. São caracterizadas pelos acidentes, erros, falta de energia etc.
- **Voluntárias:** caracterizadas pelas ações propositais causadas por elementos humanos conhecidos como *hackers*, invasores, espiões, ladrões, elementos que disseminam vírus de computadores e, ainda, incendiários.

9.4.5 VULNERABILIDADES

Vulnerabilidades são as fragilidades inerentes ao sistema, associadas diretamente aos ativos que manipulam e também processam as informações, que são exploradas em forma de ameaças, que promovem a ocorrência de um tipo de incidência de segurança, que afetam de forma negativa, um ou mais princípios da segurança da informação, como confidencialidade, integridade e disponibilidade. As vulnerabilidades podem ser classificadas, de acordo com a suas características, como:

- **Físicas:** associadas diretamente às instalações do edifício, ou seja, se atendem ou não as boas práticas e regulamentações vigentes, sobretudo pela falta de extintores, detectores de fumaça e outros elementos que promovem o combate ao incêndio em ambientes que possuem ativos que, por sua vez, transportam informações estratégicas da companhia.

- **Naturais:** ocorrem, principalmente, em ambientes que possuem equipamentos eletrônicos que estejam próximos a locais suscetíveis a desastres naturais, como incêndios, enchentes, terremotos e outros.
- ***Hardware*:** é sabido que os elementos computacionais estão suscetíveis a ações da poeira, da umidade, temperatura, sobretudo elementos que estão suscetíveis a recursos inadequadamente protegidos, como falhas ao suprimento de energia ou aumento e temperatura.
- ***Software*:** envolvidos principalmente nas falhas de instalação e de configuração de sistemas e aplicativos, nos erros de codificação, que acarretam acessos indevidos, vazamento de informações e a perda dos dados, e afetam substancialmente a disponibilidade dos meios quando necessários.
- **Mídias:** os meios magnéticos em geral, os relatórios impressos que são perdidos identificados, a falha de energia, o tempo de vida para o funcionamento de discos rígidos, a radiação eletromagnética que afeta sistematicamente diversos tipos de mídia magnética existentes em ambientes de TI.
- **Comunicação:** todo tipo de comunicação, principalmente a telefônica, é vulnerável e suscetível a interceptação não autorizada e, ainda, a acesso indevido que ocasiona problemas na infraestrutura física e lógica a impede de funcionar adequadamente.
- **Humanas:** associadas substancialmente a falta de treinamento ou, simplesmente, conscientização das pessoas em relação à segurança, falta de avaliação psicológica e, ainda, verificação de antecedentes criminais que podem objetivar elementos exclusivos da sociedade, neste caso, baseada em problemas anteriores, também são relacionados a não execução das rotinas de segurança, ou a erro de procedimento como omissão, todos aqueles que põem em risco a segurança da informação.

9.5 A SEGURANÇA DA INFORMAÇÃO NA ERA DA INDÚSTRIA 4.0

Um novo momento na era industrial surgiu nos últimos anos, a indústria 4.0, conhecida também como a Quarta Revolução Industrial, que faz intenso uso das tecnologias digitais sobretudo aquelas apoiadas pela internet, vem a cada dia se fundindo aos processos da produção industrial e transformando os conceitos da indústria convencional (CNI, 2016; EUROPEAN PARLIAMENT, 2015).

A Indústria 4.0 caracteriza-se pela integração e digitalização entre processos produtivos e produtos, principais *stakeholders* e cadeia de suprimentos em grau progressivo (CHOI et al., 2016).

Usando a internet como meio da troca de informações, um número imenso de dispositivos está conectado, trocando informações em tempo real, o que passou a se chamar internet das coisas (CNI, 2016). Como a internet tem papel fundamental para esta conexão, a segurança da informação é encarada com preocupação pelos profissionais que atuam na área de tecnologia ou tem contato com a tecnologia em seu ambiente profissional.

Industrial IT Security

As questões de segurança devem ser sempre tratadas com criteriosas análises de riscos e aplicação de *frameworks* que envolvem, além da segurança da informação, a segurança dos processos produtivos, sejam eles eletrônicos ou não.

9.5.1 SISTEMAS CIBER FÍSICOS E A CIBERSEGURANÇA

A Indústria 4.0 introduziu sistemas ciber físicos na manufatura e serviços. Sistemas ciber físicos são integrações de computação, rede e processos físicos (ASARE; BROMAN, 2012). Os sistemas ciber físicos são a tecnologia que permite a extração de informações em tempo real, análise de dados, transmissão de dados e tomada de decisão, permitindo atuação remota, por usar a internet (WIESNER; HAUGE; THOBEN, 2015).

O crescimento dos sistemas ciber físicos dentro Indústria 4.0 implica em maior necessidade de cuidados com a segurança cibernética, já que um maior número de sistemas pode ficar vulnerável. A segurança cibernética visa dar proteção contra roubo ou dano ao *hardware* empregado na Tecnologia da Informação (TI), bem como ao *software* e aos dados armazenados nos sistemas (HUXTABLE; SCHAEFER, 2016).

9.6 DADOS ORGANIZACIONAIS

Figura 9.4 Cibersegurança.

Os dados corporativos tradicionais incluem informações pessoais, propriedades intelectuais e dados financeiros. As informações pessoais incluem materiais de aplicativos, folha de pagamento, propostas comerciais, contratos de empregados e qualquer informação utilizada na tomada de decisões de emprego. As propriedades intelectuais, como patentes, marcas comerciais e novos planos de produtos, permitem que um negócio ganhe vantagem econômica e competitiva sobre seus concorrentes. A propriedade intelectual deve ser considerada um segredo comercial, pois, perder essa informação pode ser desastroso para o futuro da empresa. Os dados financeiros, como demonstrativos de ganhos, balanço patrimonial e demonstrações de fluxo de caixa de uma empresa dão *insight* sobre a saúde da empresa.

9.6.1 INTERNET DAS COISAS (IOT) E *BIG DATA*

Com o surgimento da internet das coisas (IoT), existem muito mais dados para gerenciar e proteger. O IoT é uma grande rede de objetos físicos, como sensores e equipamentos que se estendem além da rede de computadores tradicionais.

Todas essas conexões, além do fato de que nós expandimos a capacidade de armazenamento local e ainda os serviços de armazenamento por meio da nuvem associados à virtualização, tanto de servidores como processos, levam ao crescimento exponencial dos dados.

Esses dados criaram nova área de interesse em tecnologia e negócios chamada *big data*.

Com a velocidade, volume e variedade de dados gerados pelo IoT e as operações diárias de negócios, a confidencialidade, a integridade e a disponibilidade desses dados são vitais para a sobrevivência da organização.

9.7 VIOLAÇÃO DE SEGURANÇA

Proteger uma organização de todos os ataques possíveis não é viável, por algumas razões. O conhecimento necessário para configurar e manter a rede segura pode ser caro. Os atacantes sempre continuarão a encontrar novas formas de segmentar redes. Eventualmente, um ataque ao alvo com características avançadas será bem-sucedido. A prioridade será, então, a rapidez com que sua equipe de segurança pode responder ao ataque para minimizar a perda de dados, tempo ocioso e retorno à operação.

9.7.1 TIPOS DE AGRESSORES

Agressores são indivíduos ou grupos que tentam explorar a vulnerabilidade para ganhos pessoais ou financeiros. Eles estão interessados em tudo, desde números de cartões de crédito, até projetos de produtos, ou seja, qualquer coisa que possua valor.

- **Amadores:** são às vezes chamados de *script kiddies*. Eles geralmente são atacantes com pouca ou nenhuma habilidade, muitas vezes usando ferramentas existentes ou instruções encontradas na internet para lançar ataques. Alguns deles são apenas curiosos, enquanto outros estão tentando demonstrar suas habilidades e causar danos. Eles podem estar usando ferramentas básicas, mas os resultados ainda podem ser devastadores.

- ***Hackers***: este grupo de atacantes invadem computadores ou redes para obter acesso. Dependendo da intenção do arrombamento, são classificados como: *white hat*, *gray hat* ou *black hat*. Os atacantes *white hat* rompem redes ou sistemas informáticos para descobrir suas fraquezas de modo que a segurança desses sistemas possa ser melhorada. Esses *break-ins* são feitos com permissão prévia e quaisquer resultados são relatados ao proprietário.

Por outro lado, os atacantes *black hat* tiram proveito de qualquer vulnerabilidade para ganho pessoal, financeiro ou político, de forma ilegal.

Os atacantes *gray hat* estão em algum lugar entre os *white hat* e os *black hat*. Os atacantes *gray hat* podem encontrar uma vulnerabilidade em um sistema. Os *hackers gray hat* podem relatar a vulnerabilidade aos proprietários do sistema se essa ação coincidir com sua agenda. Alguns *hackers gray hat* podem publicar os fatos sobre a vulnerabilidade na internet para que outros atacantes possam explorá-la.

9.8 PROTOCOLOS SEGUROS NA INDÚSTRIA 4.0

Algumas iniciativas em relação à segurança da informação e dos dispositivos IoT na indústria tem-se mostrado promissoras, com o estabelecimento de novos protocolos de segurança associados às infraestruturas das redes de computadores atuais, em que um ponto observado nos coloca na posição de que o transporte e os processos dentro da indústria são entendidos como TI, exatamente como aquela que opera em ambientes não industriais. Sabendo das manifestações relacionadas a ataques, agressores, dispositivos e outros elementos já comentados, essas iniciativas vem se intensificando pelo mundo em busca de hegemonia.

Uma destas iniciativas se originou na Alemanha, pouco antes da fundamentação pública da Indústria 4.0 (2008), um consórcio liderado por grandes empresas de automação e profissionais renomados da indústria, criou um novo protocolo de comunicação e controle que foi nominado de OPC-UA (Object Linking and Embedding for Process Control – Unified Achitecture, ou, ainda, vinculação e incorporação de objeto para controle de processo – arquitetura unificada). Com as premissas de uma plataforma independente, a proposta atrai novos elementos da indústria com aplicações e processos IoT embarcado, como também antigas unidades de controle industrial CPA, que passam a ter novas interfaces com uma roupagem *high-tech*. A iniciativa agrega funcionalidades explícitas à segurança da informação e seus dispositivos, como: transporte, associado a um protocolo altamente encriptado; criptografia de sessão, estabelecimento de segurança entre as partes; mensagens assinadas, a cada processo/comando um modo de rastreabilidade seguro na autenticação na unidade de processo; pacotes sequenciados; autenticação, protocolo de autenticação nativo da plataforma; controle de usuários e auditagem que promove o rastreamento das operações industriais com estabelecimento de *log* de controle (OPC FOUNDATION).

Outras dessas iniciativas ficam por conta de uma organização responsável por tornar popular este conceito, o EtherCAT, que é conhecido como um sistema ethernet industrial, trazendo novos parâmetros de flexibilidade associados a operações em tempo real, própria para ambientes massivos e industriais. Com a proposta de alto desempenho associado a segurança este protocolo permite que protocolos nativos das redes não industriais possam interagir com os protocolos "industriais" miscigenando a TI em uma só estrutura técnica e organizacional. Uma de suas principais funções é a questão relacionada à topologia flexível, compartilhada e extensiva, méritos também para as questões de diagnóstico em tempo real que propiciam uma visão de controle e alta disponibilidade para as aplicações industriais (ETHERCAT, 2018).

Por fim, devido a necessidade intensificada de melhorar a segurança da informação no contexto da Indústria 4.0, as organizações carecem de iniciar um processo de conscientização para que todos envolvidos estejam cientes dos riscos de segurança, protegendo, assim, não somente o processo em si, mas toda rentabilidade da organização, agregando valor e contribuindo para o campo segurança da informação. No começo toda interação é de extrema importância para promover a conscientização e o interesse de todos, essas novidades, muitas vezes resultam em objetivos conflitantes e a colaboração é fundamental para que se alcance o sucesso.

Hoje, a Indústria 4.0 chamada de a Quarta Revolução Industrial transforma a tecnologia em produto, com muito pouco ou nenhuma intervenção humana nos processos. Envolvendo diversos agentes e até inteligência artificial, o resultado disso é a tangibilidade dos valores que notadamente foram agregados com essa nova inserção tecnológica. Diferentemente de outras épocas, com tanta inovação e descobertas surgindo e atualizando todos processos e ambientes tão rapidamente, espera-se que substituir as atuais num curto espaço tempo, necessitando entender os valores que essas novidades trazem.

A informação, de modo sistemático e repetitivo, dará lugar à personalização e identidade do cliente nos produtos ou serviços que serão resultado desse novo tempo, que precisará de um protocolo de segurança ainda mais eficiente que os padrões já existentes. No mundo mais conectado, esses novos conceitos progredirão para uma mais efetiva participação do cliente dessas novas organizações, rentabilizando e criando novas formas de monetização que mudarão a forma atual de precificar. Quanto mais envolvimento o cliente tiver no processo, mais exigente quanto a segurança de seus dados esse mesmo cliente estará e, obrigatoriamente, a corporação também.

Com todos esses novos ambientes usando a atual tecnologia como condutor direto para os resultados, sabendo que ainda vivemos intensamente com tecnologias disruptivas, novas necessidades, produtos e serviços surgindo a todo momento, as demandas se alteram quase instantaneamente fazendo aumentar o investimento em pesquisa e desenvolvimento buscando novos meios de reforçar ainda mais a segurança da informação e, por conseguinte, a garantia de satisfação do cliente quando ele adquire o produto em qualquer etapa do processo dentro das métricas interpostas da Indústria 4.0.

Levando em consideração que toda a produção em escala pela Indústria 4.0 pode ter a personalidade do adquirente intrincada no produto ou serviço.

REFERÊNCIAS

ABNT - ASSOCIAÇÃO BRASILEIRA DE NORMAS TÉCNICAS. *NBR ISO/IEC 27002:2013*: Segurança da informação. Rio de Janeiro, 2017.

ASARE, P.; BROMAN D. *CPS, Cyber Physical Systems*. 2012. Disponível em: <https://ptolemy.berkeley.edu/projects/cps/>. Acesso em: 13 jun. 2018.

OPC Foundation. Disponível em: <https://opcfoundation.org/>. Acesso em: 13 jun. 2018.

SÊMOLA, M. *Gestão da segurança da informação*: uma visão executiva. Rio de Janeiro: Campus Elsevier, 2002.

TERZIDIS, O.; OBERLE, D.; KADNER, K. *The Internet of Services and USDL*. 2012. Disponível em: <https://www.w3.org/2011/10/integration-workshop/p/USDLPositionPaper.pdf>. Acesso em: 13 jun. 2018.

WIESNER, S.; HAUGE, J. B.; THOBEN, K-D. Challenges for requirements engineering of cyber-physical systems in distributed environments. In: UMEDA, S. et al. (Ed.). *APMS 2015, Part II, IFIP AICT 460*. [S.l.: s.n.], 2015. p. 49-58.

CAPÍTULO 10
GESTÃO DE MANUTENÇÃO E ATIVOS NA INDÚSTRIA 4.0

Edson Pereira da Silva

José Benedito Sacomano

10.1 INTRODUÇÃO

É determinante nas operações de gestão de manutenção e ativos garantir qualidade e confiabilidade, para que a indústria possa participar de forma competitiva e sustentável no mercado (BARBIERI, 2010). Gestão de manutenção e ativos é a nomenclatura que mais se adequa à realidade do setor de manutenção, portanto, tem sido utilizada para identificar este setor, tanto para indústria como nas demais operações de manutenção em outros setores que não são propriamente da indústria.

O propósito central da gestão da manutenção e ativos é o de manter os equipamentos, instalações e instrumentos operando o mais próximo possível dentro das condições originais do seu projeto, com a máxima disponibilidade e confiabilidade, intensificando a utilização de recursos técnicos, humanos e financeiros, por meio de boas práticas de planejamento e suprindo as necessidades e possibilidades de cada departamento ou setor produtivo.

O termo *manutenção*, que engloba os conceitos de prevenção, está relacionado ao termo *manter* e, também, ao termo *correção*, relacionado ao termo *restabelecer* (SOUZA, 2009). Esses termos significam para a manutenção e gestão de ativos, continuar em um estado existente, ou seja, a manutenção é o conjunto de técnicas de atuação para que os ativos físicos (equipamentos, sistemas, instalações) cumpram ou preservem sua função.

O setor de manutenção e gestão de ativos tem significativa importância nas atividades de produção de bens e serviço, pois atua nas organizações para evitar as falhas, cuidando de suas instalações físicas e permitindo a continuidade do processo.

O setor de gestão de manutenção e ativos está basicamente dividido em três grupos:

- Gestão, onde atuam o gerente, supervisores e coordenadores.
- Planejamento e controle, onde atuam os planejadores.
- Execução, onde atuam os técnicos em suas respectivas especialidades, como mecânica, automação e eletroeletrônica.

10.1.1 A NORMA REGULAMENTAR BRASILEIRA E A ORGANIZAÇÃO INTERNACIONAL DE NORMALIZAÇÃO

A norma *PAS 55*, referindo-se ao o desempenho, ao risco e ao custo dos ativos fixos, apresenta requisitos e definições claras e necessárias para implantar e auditar um sistema de gestão do ciclo de vida de qualquer ativo físico. Esse documento foi base para a origem da NBR ISO 55000.

Em 2004, o Instituto de Gestão de Ativos (IAM) e a British Standards Institute (BSI) lançaram uma especificação para gerenciamento de ativos, em 2008, a especificação foi atualizada significativamente. A especificação disponível publicamente (*PAS 55*), partes 1 e 2, foi amplamente adotada no Reino Unido e Austrália, mas o mesmo não ocorreu em outras partes do mundo. Em 2009, após consulta com a indústria e organizações profissionais no mundo todo, a especificação foi apresentada para a Organização Internacional de Normalização (ISO) como base para um novo padrão para a gestão de ativos. A proposta foi aprovada resultando na família de normas ISO 55000, desenvolvida ao longo dos últimos anos, com 31 países participantes.

Em 2014, foi publicada a série de normas ISO 55000, em 15 de janeiro. No Brasil, as NBR ISO 55000 passam a valer em março de 2014.

A Norma ABNT NBR ISO 55000 fornece uma visão geral de gestão de ativos e sistemas de gestão de ativos, também fornece o contexto para as ABNT NBR ISO 55001 e ABNT NBR ISO 55002.

- ISO 55000 – Gestão de ativos: visão geral, princípios e terminologia;
- ISO 55001 – Gestão de ativos: requisitos;
- ISO 55002 – Gestão de ativos: aplicação.

Foram identificadas na preparação dessas normas práticas que são comuns e que podem ser aplicadas para a mais ampla gama de ativos. Considerou-se também que a diversidade de cultural não é fator de limitação para implantação e utilização dessa norma nos diversos países em que foi proposta a sua implantação.

A utilização da NBR ISO 55000 possibilita atingir de forma consciente e sustentável objetivos de eficiência por meio de garantias obtidas na aplicação do sistema de gestão de ativos observados nesta norma.

PCM 4.0 - Planejamento e controle da manutenção IIOT

É necessário para uma organização alcançar seus objetivos quanto à gestão de manutenção e ativos observar como estes ativos são gerenciados quanto a: natureza e finalidade da organização; seu contexto operacional; suas limitações financeiras e requisitos regulatórios; as necessidades e expectativas da organização e suas partes interessadas. Estes são fatores de influência que devem ser considerados para estabelecer manutenção e melhoria contínua da gestão de ativos.

A eficácia na gestão dos ativos é essencial para as organizações obterem valor por meio do gerenciamento de riscos e oportunidades, pois é necessário atingir equilíbrio na relação custo, risco e desempenho. Portanto, quando a estrutura de gestão é integrada a um sistema de governança e risco é possível que sejam tangíveis os benefícios e também alavancar oportunidades de melhoria e melhor aproveitamento dos ativos.

Conforme a NBR ISO 55000, os benefícios da gestão de manutenção e ativos podem incluir, mas não estão limitados a: melhoria de desempenho financeiro; decisões informadas sobre investimentos em ativo; risco gerenciado; melhoria de saídas e serviços; responsabilidade social demonstrada; conformidade demonstrada; melhoria de imagem; melhoria da sustentabilidade organizacional; melhoria da eficiência.

Segundo a NBR ISO 55000 as organizações podem dirigir e realizar o controle das atividades de gestão de ativos e manutenção, no entanto, algumas atividades como aspectos da liderança, cultura, motivação e comportamento não podem ser determinadas no sistema de gestão. São atreladas às particularidades determinadas nas filosofias e valores da organização, porém, esses fatores são de igual forma determinantes nos resultados do setor de gestão de manutenção e ativos.

O sistema de gestão de manutenção e ativos requer informações precisas sobre esses ativos e, para tanto, é necessário que as ferramentas utilizadas estabeleçam fidelidade e consistência nos dados coletados, a interação da gestão de manutenção e ativos com outras funções de uma organização por meio do sistema integrado, pois estes ativos podem exercer mais de uma função e mais de uma unidade funcional dentro da organização. O próprio sistema de gestão pode fornecer meios para que as diversas unidades funcionais realizem interação de dados e informações, as novas tecnologias disponíveis em *softwares* de gestão permitem esta condição.

A decisão de estabelecer um sistema de gestão de manutenção e ativos é fundamentalmente uma iniciativa de muito ganho estratégico na composição dos resultados na organização e a ABNT NRB ISSO 55001 especifica os requisitos de um sistema de gestão de ativos e a ABNT NBR ISO 55002 fornece orientações sobre o projeto e a operação de um sistema de gestão de ativos.

10.2 EVOLUÇÃO DA GESTÃO DE MANUTENÇÃO E ATIVOS ATÉ A INDÚSTRIA 4.0

A evolução da manutenção pode ser caracterizada em três gerações desde o fim do século XIX. Estas fases acompanharam naturalmente as gerações das revoluções industriais e a evolução técnico industrial da humanidade.

Figura 10.1 Evolução da gestão de manutenção e ativos até a chamada indústria 4.0.

10.2.1 PRIMEIRA GERAÇÃO DA GESTÃO DE MANUTENÇÃO E ATIVOS

No fim do século XIX, com o advento da mecanização nas indústrias, surge a necessidade dos primeiros reparos. Essas ações eram conduzidas até meados de 1914 pelo pessoal efetivo das operações e a manutenção era vista em segundo plano, sem muita importância, em razão de essa mecanização acontecer em pequena escala e os equipamentos eram simples e, na sua grande maioria, superdimensionados.

Devido aos fatores da conjuntura econômica da época não era necessária uma manutenção sistematizada e eram feitos apenas serviços de limpeza, lubrificação e reparo após a quebra, ou seja, a manutenção era fundamentalmente corretiva. Assim surgiu um órgão subordinado à operação, cujo objetivo básico era de execução da manutenção corretiva.

10.2.2 SEGUNDA GERAÇÃO DA GESTÃO DE MANUTENÇÃO E ATIVOS

Essa geração começa a partir da Segunda Guerra Mundial e vai até aproximadamente o fim dos anos 1960. Nessa época surgem as grandes invenções que revolucionaram a vida da humanidade: eletricidade, máquinas a vapor e motores, começa a evidenciar-se a necessidade de maior disponibilidade e confiabilidade, na busca da maior produtividade. A complexidade das máquinas começa a aumentar, exigindo conhecimentos especiais para operá-las e consertá-las. Para garantir seu funcionamento começa a surgir a necessidade de pessoal especializado e a disponibilidade de recursos para execução da manutenção das máquinas. Nesse período surge também uma grande evolução na aviação comercial e na indústria eletrônica, começam a acontecer ações preventivas baseadas em estatística (tempo ou horas trabalhadas), ficando evidente que o tempo gasto para diagnosticar as falhas era maior do que o de execução do reparo. Equipes de especialistas são selecionadas e compõem um órgão de assessoramento, denominado engenharia de manutenção, que recebe os encargos de planejar e controlar a manutenção preventiva e analisar causas e efeitos das avarias. E assim surge a manutenção preventiva, não só para corrigir as falhas como também para evitá-las, tornando a manutenção tão importante quanto a operação.

10.2.3 TERCEIRA GERAÇÃO DA GESTÃO DE MANUTENÇÃO E ATIVOS ATÉ OS DIAS ATUAIS

A terceira geração da manutenção (gestão da manutenção e ativos) surge na década de 1970 quando o processo de mudança nas indústrias se acelera e as indústrias já representam a principal atividade econômica, sendo o principal fator de classificação das nações.

Nessa fase, uma paralisação de produção afeta custos e qualidade dos produtos, o conserto e a prevenção já não são suficientes. A atuação da manutenção deve ser feita com economia, o que gera a necessidade de sistemas mais confiáveis e com menor impacto nos custos do processo.

Os japoneses despontam e criam na década de 1970 a manutenção produtiva total e colocam a manutenção como uma das atividades fundamentais do processo produtivo, envolvendo o ciclo produtivo ocioso da operação para execução de rotinas de manutenção e permitindo ao mantenedor fazer parte das análises da engenharia de manutenção.

O setor de planejamento e controle da manutenção assume tal importância que em algumas empresas se torna um departamento que, além de sua rotina dentro do departamento de manutenção, também assessora a gestão de produção, pois as ações da manutenção impactam nas variáveis que compõem os fatores para tomada de decisão na prospecção e planejamento do processo como um todo.

No fim da década de 1980, qualidade dos produtos e serviços torna-se uma exigência pelos consumidores e a manutenção consolida sua importância no que se refere ao desempenho e resultado na utilização dos equipamentos e, em 1993, a ISO (Organização Internacional de Normalização) revisa a norma série 9000 e inclui a função manutenção nos processos de certificação, elevando a importância e reconhecimento da manutenção e verificando suas funções no incremento da qualidade, aumento da confiabilidade operacional, redução de custos e redução de prazos de fabricação e entrega, garantia da segurança do trabalho e da preservação do meio ambiente.

Essa geração consolidou a necessidade de uma manutenção preditiva, com ações de monitoramento da condição do equipamento em tempo real, ou seja, em pleno funcionamento, é também caracterizada pela interação de tecnologias da informação com aplicações de softwares nas operações de gestão, controle e execução de todas as atividades de manutenção.

Intelligent maintenance concepts for Industry 4.0 age

10.3 TECNOLOGIA APLICADA NA GESTÃO DE MANUTENÇÃO E ATIVOS E SUA IMPORTÂNCIA NA PROJEÇÃO DE SUAS OPERAÇÕES PARA O NOVO MODELO DE INDÚSTRIA 4.0

A Quarta Revolução Industrial, ou Indústria 4.0, é identificada pela digitalização e integração entre produtos e processos produtivos, cadeia de suprimentos e principais *stakeholders*, e a completa transformação de toda a esfera de produção industrial por meio da fusão de tecnologias digitais apoiadas na internet, com a indústria convencional.

Uma importante característica do novo paradigma da Indústria 4.0 é a conectividade entre dispositivos, processos, arranjos produtivos e consumidor final, o que torna o processo flexível a ponto de poder customizar solicitações de produção partindo diretamente deste consumidor final. Isso estabelece a necessidade de a manutenção atender com muito mais eficiência e assertividade à demanda de sua rotina que é a de atuar mantendo o processo disponível e confiável.

Figura 10.2 Tecnologia aplicada na gestão de manutenção e ativos.

O cenário não só é propicio como demanda transformações em toda dinâmica das atividades da manutenção desde os níveis de gestão até a execução. O fluxo de informação começa a tomar caminhos mais curtos. Fazendo uma conjectura para o entendimento dessa situação: onde antes uma solicitação de serviço de manutenção partia do operador da máquina para seu gestor e este comunicava a necessidade ao planejamento da manutenção que, por sua vez, acionava a execução da manutenção tanto em ocorrências de pronto atendimento como em ações programadas e preventivas, agora o cenário permite ao próprio equipamento acionar o executante da manutenção por meio de um sinal de máquina e compilado em *software* em um chamado direto ao executante.

Maintenance 4.0 – Preactive Maintenance

Uma importante tecnologia que começa então a despontar é o controle das atividades de manutenção por meio de dispositivos *mobile*, uma extensão do *software* ERP de gestão da manutenção integrado a dispositivos móveis que permitem realizar tarefas como: entrada de dados e acesso imediato às informações nas operações de manutenção tanto no planejamento e gestão como diretamente no local da execução, abertura e fechamento e cancelamento de ordens de serviço, coleta acumulativa de dados em qualquer localidade da empresa, controle sobre materiais de almoxarifado de manutenção, inspeções periódicas, cadastros básicos e históricos.

A tecnologia *mobile* é um dos caminhos dessa importante jornada de transformação. É uma solução que permite o setor de gestão de manutenção e ativos entrar em transição da atual geração para a próxima proposta no novo paradigma da indústria 4.0 aumentando de forma significativa à eficiência do processo. Esta tecnologia proporciona melhoria em qualidade, confiabilidade e agilidade para as intervenções da manutenção, permite minimizar o tempo dedicado às tarefas burocráticas viabilizando a inserção e tratativa imediata das informações recolhidas para análise e tomada de decisão, ao mesmo tempo em que reduz custos despendidos com controles manuais e uso intensivo de papel, colaborando para a sustentabilidade.

O desafio para o setor de gestão da manutenção e ativos é avançar no uso das tecnologias disponíveis, o fator custo já não é um empecilho, pois existem no mercado brasileiro empresas que oferecem soluções compatíveis com as possibilidades da indústria no Brasil.

O novo paradigma da Indústria 4.0 pode transformar as operações de manutenção em toda sua estrutura. O setor de manutenção passou por significativa evolução junto com as revoluções que aconteceram historicamente na indústria atingindo importância estratégica na composição dos diversos modelos de indústria e serviços. Atualmente, o homem de manutenção não figura mais como um profissional que apenas realiza reparos técnicos, ele também analisa e propõe mudanças, participa ativamente no controle dos processos, suas ações figuram nos resultados e ganhos da empresa, então é pertinente observar que não pode acontecer qualquer mudança no processo industrial se a capacidade técnica da equipe de gestão de manutenção e ativa não estiver linear a estas mudanças. É fundamental também prospectar que as transformações também ocorrerão não só no parque fabril, mas em todo recurso humano envolvido.

REFERÊNCIAS

ABDI - AGÊNCIA BRASILEIRA DE DESENVOLVIMENTO INDUSTRIAL. Brasília, DF, 2016. Disponível em: <http://www.abdi.com.br>. Acesso em: 12 out. 2017

ABEPRO - ASSOCIAÇÂO BRASILEIRA DE ENGENHARIA DE PRODUÇÃO. Rio de Janeiro. Disponível em: <htpps:/abepro.org.br/>. Acesso em: 12 set. 2017.

ACSELRAD, H. Discursos da sustentabilidade urbana. *Revista Brasileira de Estudos Urbanos e Regionais*, São Paulo, v. 1, n. 1, p. 79-90, 1999.

ARENA 4G. *Qual sistema operacional mais inovou em 2015?* (Enquete). Disponível em: <https://arena4g.com/qual-sistema-operacional-mais-inovou-em-2015-enquete/>. Acesso em: 27 abr. 2017.

ASTREIN. *ILP-Mobile*. Disponível em: <http://www.astrein.com.br/solucoes/gestao-de-ativos/ilp-mobile>. Acesso em: 13 maio 2016.

BARBIERI, J. C. et al. Inovação e sustentabilidade: novos modelos e proposições/innovation and sustainability: new models and propositions/innovación y sostenibilidad: nuevos modelos y proposiciones. *Revista de Administração de Empresas*, São Paulo, v. 50, n. 2, p. 146, abr.-jun. 2010.

CHOI, S. S. et al. Applications of the factory design and improvement reference activity model. In: NÄÄS, I. A. et al. (Ed.). *IFIP 2016*: APMS, 2016.

CNI - CONFEDERAÇÃO NACIONAL DA INDÚSTRIA. *Desafios para indústria 4.0 no Brasil*. Brasília, DF, 2016.

COLTRO, A. A gestão da qualidade total e suas influências na competitividade empresarial. *Caderno de Pesquisas em Administração*, São Paulo, v. 1, n. 2, p. 1-7, 1996.

CORREIA, A. J.; RIBEIRO, G. A.; CIUCCIO, R. L. Os desafios para a implantação de sistemas de controle mobile na manutenção industrial. In: CONGRESSO BRASILEIRO DE MANUTENÇÃO E GESTÃO DE ATIVOS, 30., 2015, Campinas, SP. *Anais*... Rio de Janeiro: Abraman, 2015.

COSTA NETO, P. L. de O. et al. *Qualidade e competência nas decisões*. São Paulo: Blucher, 2007.

MORAIS, R. R. de; MONTEIRO, R. A Indústria 4.0 e o impacto na área de operações: um ensaio. In: SIMPÓSIO DE GESTÃO DE PROJETOS, INOVAÇÃO E SUSTENTABILIDADE. 5., 2016. *Anais*... São Paulo: SINGEP, 2016. Disponível em: <http://singep.submissao.com.br/5singep/resultado/an_resumo.asp?cod_trabalho=450>. Acesso em: 20 jun. 2018.

ELKINGTON, J. Enter the triple bottom line. In: HENRIQUES, A.; RICHARDSON J. (Org.). *The triple bottom line, does it all add up?* Assessing the sustainability of business and CSR. Londres: Earthscan, 2004. p. 1-16.

ENGEMAN. *O sistema de manutenção mais flexível do Brasil*. Disponível em: <http://www.engeman.com.br>. Acesso em: 13 maio 2016.

EUROPEAN PARLIAMENT. *Industry 4.0 digitalisation for productivity and growth*. Sept. 2015. Disponível em: <http://www.europarl.europa.eu/thinktank/en/document.html?reference=EPRS_BRI%282015%29568337>. Acesso em: 14 abr. 2016.

FIRJAN – FEDERAÇÃO DAS INDÚSTRIAS DO ESTADO DO RIO DE JANEIRO. *Panorama da inovação* – Indústria 4.0. Rio de Janeiro, 2016. (Cadernos Senai de Inovação).

HERMANN, M.; PENTEK, T.; OTTO, B. *Design principles for Industrie 4.0 scenarios*: a literature review. St. Gallen, 2015. Disponível em: <http://www.snom.mb.tu-dortmund.de/cms/de/forschung/Arbeitsberichte/Design-Principles-for-Industrie-4_0-Scenarios.pdf>. Acesso em: 14 abr. 2016.

KAGERMANN, H.; WAHLSTER, H.; HELBIG, J. *Securing the future of German manufacturing industry*: recommendations for implementing the strategic initiative INDUSTRIE 4.0 – Final Report of the Industrie 4.0 working group. Acatech – National Academy of Science and Engineering, 1-82, 2013.

MARTINS, G. A.; THEÓPHILO, C. R. *Metodologia da investigação científica para ciências sociais aplicadas*. 2. ed. São Paulo: Atlas, 2009.

MENDES, R. B.; SAMPAIO, R. R. Internet das coisas e physical web aplicados a plataformas multilaterais físicas. In: WORKSHOP DE GESTÃO, TECNOLOGIA INDUSTRIAL E MODELAGEM COMPUTACIONAL, 2016. *Anais*... Salvador: Senai Cimatec, 2016. Disponível em: <http://www.revistas.uneb.br/index.php/gestecimc/article/view/3051/1986>. Acesso em: 20 jun. 2018.

PINTO, J. P. *Manutenção lean*. Lisboa: Lidel, 2013.

SELLITTO, M. A. Formulação estratégica da manutenção industrial com base na confiabilidade dos equipamentos. *Revista Produção*, São Leopoldo, v. 15, n. 1, p. 44-59, 2005.

SOUSA, S. R. O. et al. A implantação de um sistema de informações para o monitoramento e análise de falhas: Um estudo aplicado ao processo de manutenção industrial de equipamentos móveis. *Revista Espacios*, João Pessoa, v. 37, n. 23, p. 21, 2016.

SOUZA, V. C. de. *Organização e gerência de manutenção*. São Paulo: All Print, 2009.

TAVARES, L. A. A evolução da manutenção. *Revista Nova Manutenção y Qualidade*, Rio de Janeiro, n. 54, p. 19-20, 2005.

CAPÍTULO 11
NECESSIDADES DE FORMAÇÃO E CAPACITAÇÃO DE ENGENHEIROS E TÉCNICOS PARA A INDÚSTRIA 4.0

José Carlos Jacintho

11.1 INTRODUÇÃO

Uma pesquisa da consultoria Roland Berger estimou a escassez de mais de duzentos milhões de trabalhadores qualificados no mundo, nos próximos vinte anos. Segundo eles, a necessidade de cada vez mais mão de obra qualificada é um dos principais motivos que contribuem para esse cenário. Funções repetitivas e rotineiras e que agreguem baixo potencial intelectual, como encaixes e montagens de peças em smartphones, ou a fixação por meio de parafusos de painéis automotivos, deixarão de ser exercidas manualmente por técnicos treinados. Mas isso não significa que os funcionários serão eliminados das linhas de produção. Eles ficarão concentrados em tarefas estratégicas e no controle de projetos.

Portanto, as competências e habilidades com as quais os profissionais das áreas essencialmente técnicas e tecnológicas, como um engenheiro, um tecnólogo ou um técnico devem contar para sua excelência profissional são: uma formação básica sólida em ciências aplicadas, códigos de linguagens e matemática, que devem ser complementas por um raciocínio lógico e analítico. Além disso, um senso crítico diferenciado para lidar com as questões complexas das sociedades contemporâneas que envolvem inúmeras variáveis dos mais diversos campos disciplinares. Características como essas são muito procuradas no mercado de trabalho.

Por outro lado, os profissionais dessas áreas devem sempre buscar se aperfeiçoar por meio, principalmente, de um estudo continuado. Mas a competência profissional não se encerra no conhecimento específico do campo técnico. Ao contrário, estende-se pelos campos da economia, da psicologia, da sociologia, da ecologia e sustentabilidade, do relacionamento pessoal e de outros, dentre os quais hoje se destacam os estudos de inclusão social no campo da Ciência, Tecnologia e Sociedade (CTS), que auxiliarão na análise de diversos problemas embutidos no cotidiano das pessoas.

Montadora 4.0: como as novas tecnologias estão mudando as fábricas de carros.

Atualmente, os estudos sociais da ciência e da tecnologia (CTS) estão inseridos em um campo de trabalho no âmbito da investigação acadêmica, da educação e das políticas públicas. Buscam entender os aspectos sociais do fenômeno científico-tecnológico, seus condicionantes e consequências sociais e ambientais. Possuem caráter interdisciplinar, abrangendo disciplinas das ciências sociais e das humanidades, como a filosofia e a história da ciência e da tecnologia, a sociologia do conhecimento científico, as teorias da educação e a economia da mudança tecnológica permanente. Também têm por finalidade promover a alfabetização científica e tecnológica, mostrando a ciência e a tecnologia como atividades humanas de grande importância social. Os estudos CTS já são parte da cultura geral de várias sociedades democráticas modernas. Um grande objetivo deste campo de estudos é estimular os jovens para uma compreensão sadia da ciência e da tecnologia, associada ao juízo crítico e à análise reflexiva das suas relações sociais. A Figura 11.1 caracteriza um time da engenharia que possui como atributos a lógica do trabalho integrado e multidisciplinar.

Figura 11.1 Time de engenharia.

11.2 CONCEITUANDO AS TAREFAS E ATIVIDADES NA INDÚSTRIA 4.0

Os primeiros aspectos a serem considerados como tarefas, ou atividades da Indústria 4.0 são a dimensão, digitalização e informatização da fábrica, ou seja, um resultado da interação entre os sistemas ciber físicos, a internet das coisas (IoT) e o *big data*. A digitalização mostra-se como uma real oportunidade de alavancagem da competitividade das empresas, para atender a uma geração que não aceita produtos produzidos em massa, mas customizados.

Por isso, é importante responder a questão: o que uma empresa deve implantar para atender às demandas do mercado nessa nova era e, ao mesmo tempo, estar apta a estabelecer fronteiras tecnológicas para a sociedade?

Intelligent manufacturing workshop: Automated Cell - Industry 4.0

Para desenvolvimento, implantação e consolidação da Indústria 4.0, devem ser considerados os seguintes princípios básicos:

- capacidade de operação em tempo real;
- virtualização;
- descentralização;
- orientação a serviços;
- modularidade;
- interoperabilidade;
- integração vertical e horizontal da informação.

As figuras 11.2 e 11.3 mostram os sistemas integrados e as atividades da indústria 4.0 que norteiam os princípios básicos discriminados anteriormente.

Figura 11.2 Sistema compartilhado homem-máquina.

Figura 11.3 Atividades sincronizadas.

Com a IoT os produtos são integrados a partir da venda com a produção e caracterizam-se por serem intensivos em serviços e permanecem sempre conectados à fábrica. Porém, em função dos fluxos de informação criados há um grande volume de dados.

Como a tendência atual é uma mudança substancial nos modelos de negócio das empresas, provocado pelo elevado grau de maturidade das tecnologias, as tarefas rotineiras, conforme mostra a Figura 11.4, podem ser executadas com algum grau de padronização por um robô, enquanto as tarefas não rotineiras exigirão a intervenção e o desenvolvimento de aspectos cognitivos dos seres humanos.

Figura 11.4 Tarefas rotineiras.

Cada empresa deve obter informações e ter consciência sobre a interação das novas tecnologias e implementá-las de acordo sua realidade específica, fazendo um alinhamento estratégico de médio e longo prazos, de forma a alcançar elevados índices de produtividade a partir da melhoria em seus processos produtivos.

As atividades rotineiras e não rotineiras, que tratam de projeto e programação e que buscam estudar o ciclo de vida dos produtos, trabalham com procedimentos, processos e métodos de simulação e modelagem, desde o planejamento do produto até sua manutenção, descarte e engenharia reversa para reciclagem.

Por outro lado, os prazos de desenvolvimento dos produtos, a qualidade e os custos podem ser previstos e controlados a partir do escopo definido junto ao cliente e da efetivação da venda.

As máquinas e os produtos dessa nova era devem estar interligados sem a necessidade da intervenção humana, por meio da análise de dados e da tomada de decisões sobre reajustes de defeitos bem como da promoção de uma aproximação entre clientes e fornecedores.

Dentre os grandes desafios está a passagem do modelo de fábrica para o modelo de rede que produz, ou seja, a mudança para a fabricação de produtos intensivos em serviços. No entanto, para implementação das estratégias da Indústria 4.0, apresentam-se os desafios dos protocolos de segurança, do furto de dados e da espionagem, além da cultura das empresas e os custos operacionais elevados.

Emprego do futuro: indústria 4.0 transforma o mercado de trabalho.

11.3 EXEMPLOS DE APLICAÇÕES PRÁTICAS DA INDÚSTRIA 4.0

Inúmeras empresas já implementaram ou estão em fase de testes com os procedimentos e processos tratados pela Indústria 4.0. Alguns exemplos de sucesso já trabalhados e que mostram algumas das aplicações típicas são:

- **Logística**: implantação da tecnologia RFID (identificador por radiofrequência) para agilizar o processo de identificação das peças que saem do estoque para a fábrica. As caixas de peças possuem uma etiqueta RFID e ao passarem por um leitor são cadastradas no sistema da empresa e a partir daí podem ser mapeadas digitalmente por toda a cadeia de suprimentos.
- **Manutenção**: a manutenção preditiva foi implantada nas máquinas de produção para controle da vibração e temperatura e por meio dos *softwares* de monitoramento, avisavam a equipe responsável pela manutenção por e-mail ou mensagem de celular sobre as falhas antes da efetiva parada da máquina. Com isso as intervenções de manutenção corretiva e preventiva foram minimizadas.
- **Produção na indústria automobilística**: nas indústrias montadoras de automóveis já ocorre a fusão completa dos sistemas de produção com as tecnologias da informação e comunicação (TICs). Trata-se de uma interligação completa de pessoas, objetos e sistemas que utilizam todas os instrumentos tecnológicos disponíveis na cadeia de valor. O sistema trabalha com controle da informação da produção para execução da manufatura que fornece para cada estágio individual de montagem a informação necessária. Ao receber um *feedback* em tempo real do processo do nível produtivo pode acompanhar o produto até o estágio final de entrega.
- O sistema de controle da informação da produção trabalha a integração vertical e horizontal das informações. A comunicação horizontal permite que toda a cadeia de processos se comunique entre si, compartilhando a informação por toda a linha de produção. Já a comunicação vertical se comunica com os sistemas ERPs ou com o desenvolvimento de produto (PLM – Product Life Management).
- **Sistema de Gestão MES** (*Manufacturing Execution System*): trata-se da geração de maior agilidade para o atendimento de clientes pois há maior interação entre o planejamento e o processo produtivo.
- **Processo de rastreabilidade de medição e controle da carroceria e torque**: o sistema faz automaticamente o controle e rastreabilidade do processo de medição da carroceria por meio de equipamentos instalados na linha de produção. Desse modo, 100% da produção é medida, assegurando melhorias de qualidade e reduzindo os custos de retrabalho e desperdício. Por outro lado, na montagem final do veículo há o controle da rastreabilidade do torque para parafusadeiras e parafusos. Os parafusos têm a função de garantir determinada força de união e o torque é o parâmetro utilizado como ana-

Introdução - 8 Habilidades para Profissionais do Séc. XXI.

logia para a força de fixação. Para todas as especificações de torque há uma tolerância e uma classificação.

As oito competências essenciais do profissional moderno.

- **Fabricação de máquina operatrizes ou máquina ferramenta**: como exemplo tomaremos a fabricação de uma prensa hidráulica. Todo o sistema de informação e conceitos da Indústria 4.0 pode ser aplicado. Para a concepção do equipamento há necessidade de participação direta do cliente e usuário final da máquina, bem como da manutenção de todos os implicados com a manutenção. Durante a fase de projeto, simulações tridimensionais e desenhos de projetos em 3-D devem ser utilizados para agilizar a execução do projeto e evitar possíveis erros de interpretação dos desenhos de detalhamento, usinagem e montagem final. Todos os cálculos estruturais do equipamento podem utilizar *softwares* específicos e fazer preliminarmente os testes do fluxo de tensões desenvolvidos ao longo da estrutura quando em regime de trabalho a plena carga. Durante a fabricação, as máquinas que executam a usinagem podem se comunicar entre si e vislumbrando uma efetiva montagem, comunicar-se entre si quando aos diâmetros de furos e centros a serem adotados para montagem.

11.4 PERFIL DOS PROFISSIONAIS DE ENGENHARIA E TECNOLOGIAS NA INDÚSTRIA 4.0

O mercado de trabalho da Indústria 4.0 exige a contratação de um número considerável de pessoas com alta qualificação. O perfil do novo profissional, representado na Figura 11.5, corresponde a pessoas com elevada capacitação técnica, no entanto, de modo geral, o contexto atual demanda um profissional que trabalhe com áreas diferenciadas daquelas abordadas em cursos regulares de graduação e exige atualizações constantes em cursos profissionais de curta duração, que possam ser concluídos em alguns meses, semanas ou dias, para aplicação imediata.

Figura 11.5 Perfil do novo profissional da Indústria 4.0.

O Quadro 11.1 discrimina as principais competências e habilidades previstas por alguns autores:

Quadro 11.1 Competências e habilidades.

Competências	Habilidades	Autores
Capacidade de colocar os conhecimentos em prática e capacidade de inovar. Conhecimentos: matemática e ciências naturais, conhecimentos básicos em mecânica, *design* mecânico, máquinas de fabricação e automação.	Habilidades: capacidade de independência, analisar e resolver problemas de engenharia, capacidade de comunicação. Qualidades: personalidade e físico saudáveis, responsabilidade social e moral, espírito de inovação e capacidade de aprendizagem.	Chen e Zhang (2015)
Capacidades relacionadas a sustentabilidade e desenvolvimento sustentável.	—	Garbie (2017)
Conhecimentos técnicos. Criatividade. Comunicação	—	Voronina e Moroz (2017)
Trabalhar em equipes multidisciplinares. Ter elevado nível de conhecimento técnico. Ter capacidade de interação com outras áreas do conhecimento.	—	CNI (2016)
Competências básicas: Competências de conteúdo: aprendizagem ativa, expressão oral, compreensão de leitura, expressão escrita e alfabetização TIC. Competências de processo: escuta ativa, pensamento crítico, monitoramento próprio e dos outros. Competências transversais: Competências sociais: coordenação de equipe, inteligência emocional, negociação, persuasão, orientação de serviço e treinamento de pessoas. Competências sistêmicas: julgamento e tomada de decisão e análise sistêmica. Competência para solucionar problemas complexos: solução de problemas complexos. Competências de gestão de recursos: gerenciamento de recursos financeiros, gerenciamento de recursos materiais, gestão de pessoas e gestão do tempo. Competências técnicas: reparo e manutenção de equipamentos, controle e operação de equipamentos, controle e operação de equipamentos, programação e controle de qualidade.	Habilidades: Habilidades cognitivas: flexibilidade cognitiva, criatividade, raciocínio lógico, sensibilidade para problemas, raciocínio matemático e visualização. Habilidades físicas: força física e destreza manual e de precisão.	WEF (2016)

Por outro lado, o papel de um supervisor ou líder de uma equipe, representado na Figura 11.6, passa a ser ainda mais importante. Em vez de controlar as horas de produção, ele fará o planejamento das tarefas e a equipe trabalhar unida.

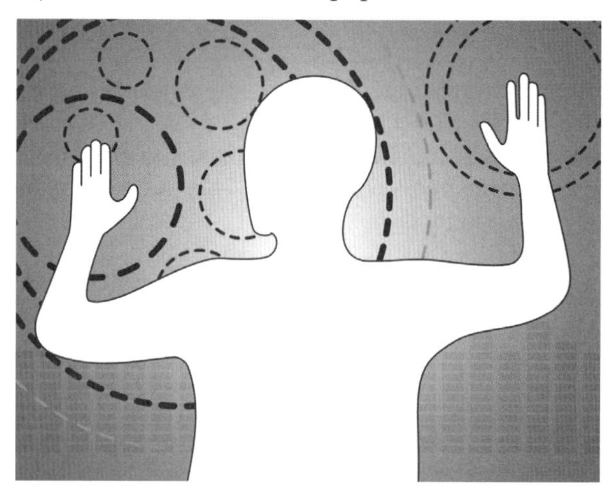

Figura 11.6 Supervisor ou líder de equipe.

Será preciso, por exemplo, aprender a trabalhar lado a lado com robôs colaborativos para aumentar a produtividade. Isso gera espaço para exercer funções mais complexas e criativas. O profissional não será responsável apenas por exercer uma parte específica da linha de montagem, mas por todo o processo produtivo.

O engenheiro, tecnólogo e técnico da Indústria 4.0 deve estar aberto a mudanças, com uma visão ampla do negócio e ter flexibilidade para se adaptar às novas funções além de se habituar a uma aprendizagem multidisciplinar contínua. O negócio busca um profissional com uma visão generalista especializada, isto é, que contribua com a espiral do conhecimento, agindo do geral para o específico e vice-versa.

Ter uma visão multidisciplinar não significa que o conhecimento técnico perdeu importância na formação. Uma formação acadêmica bem consolidada em engenharia é importante, mas não é o suficiente. As competências aprendidas em uma graduação não bastam e possuem obsolescência rápida. Técnicas e conhecimento estruturado se aprendem mais rapidamente por meio de treinamento, adestramento e repetição, porém um comportamento empreendedor e o desenvolvimento de um pensamento abstrato é algo intrínseco.

O profissional deve se especializar em diversas tecnologias e ter um conhecimento holístico de cada coisa, ou seja, agir como um maestro, que tem a visão geral da orquestra, mas que deve estar apto a operar qualquer instrumento que está sob sua batuta. Deve gostar de tecnologia, de inovação e, principalmente, ter curiosidade e criatividade para aprender e acompanhar uma indústria que sempre se reinventa.

A valorização do trabalho em equipe (Figura 11.7) é imprescindível, ou seja, o "pensar em conjunto" é exigido para desenvolver e aplicar conhecimentos sobre informática, qualidade e segurança no trabalho, de modo que as estratégias de operação estejam diluídas por toda a empresa.

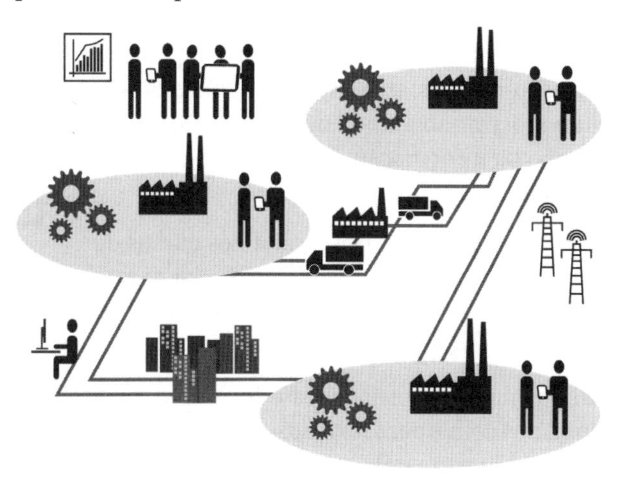

Figura 11.7 Trabalho em equipe.

11.5 SUGERINDO DIRETRIZES PARA O PROCESSO DE ENSINO NA ERA DA INDÚSTRIA 4.0

O estado da arte na Indústria 4.0 não considera somente o setor industrial, mas também o de serviços, e destaca questões relacionadas aos modelos de ensino-aprendizagem para os profissionais das engenharias e tecnologias. De modo geral, o cenário da Indústria 4.0 passa a exigir um profissional com capacidade analítica e flexível para tomar decisões rápidas e efetivas quando necessário.

Assim, a Indústria 4.0 exige novas diretrizes para o processo ensino-aprendizagem de modo atender às exigências por conhecimento técnico multidisciplinar, trabalho colaborativo e em equipe, capacidade de análise e adaptação aos novos cenários tecnológicos em constante mudança, além da especialização em *design* de inovação.

Logo, as diretrizes devem ser desenvolvidas a partir das necessidades de aprendizagem que definem o engenheiro, técnico ou tecnólogo da Indústria 4.0, uma vez que estes profissionais devem ter competências e habilidades para conectar engenharia, planejamento, logística e produção com o marketing, com a pós-venda, com a engenharia reversa e reciclagem.

Portanto, o engenheiro deve ter uma formação generalista, que o habilite a trabalhar em inovações, em áreas novas, e a acompanhar as mudanças tecnológicas. Sousa (1997) discute a formação generalista do engenheiro destacando que deve haver forte enfoque em ciência básica. Para Sousa (2000), esse novo modelo de ensino implica em uma pedagogia centrada na interação aluno *versus* professor, que permita exercitar as atitudes, competências e habilidades propostas. O professor a cada dia assume o papel de facilitador no processo ensino-aprendizagem, dando ao aluno a liberdade para aquisição de informações, e como deve estar sempre na fronteira dos conhecimentos pode mostrar ao aluno como acontece o processo de transformação da informação em formação e desenvolvimento tecnológico e humanístico.

O que as empresas buscam no "profissional do futuro"?

Logo, com a interdisciplinaridade observada nos cursos de engenharia, pode-se alcançar a flexibilidade curricular, o que permitirá aos estudantes de uma área da engenharia cursar disciplinas em outras áreas, por meio da escolha de disciplinas optativas.

Na escolha entre formação especializada e formação generalista, para a Indústria 4.0, deve predominar a escolha pela formação generalista para o engenheiro, o que prioriza uma formação com forte potencial de abstração; no outro extremo, a especialização deve ser uma atribuição de técnicos e tecnólogos, porém com embasamento holístico constantemente atualizado para evitar a obsolescência dos conhecimentos.

Portanto, o profissional da Indústria 4.0 deve somar à sua formação tecnológica, em essência, o humanístico, por meio do aprendizado filosófico, social, econômico e ambiental. Diante desse contexto, só a organização da matriz curricular e a interdisciplinaridade não é suficiente. Deve-se também ter a preocupação em desenvolver nos estudantes a atitude de compromisso com a atualização profissional permanente, estimulando-os para a busca da pesquisa e do conhecimento.

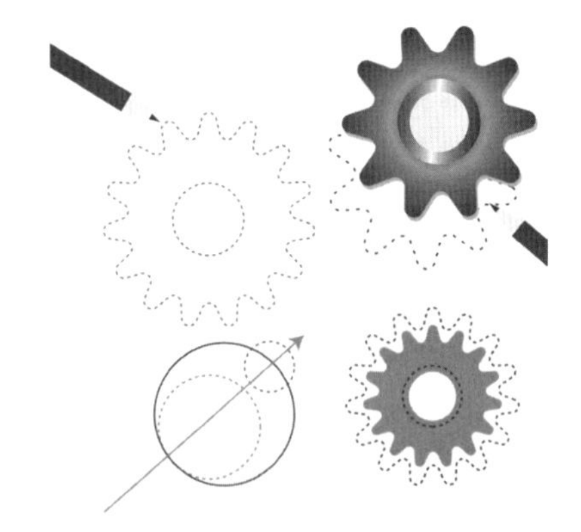

Figura 11.8 Sincronia com atualização permanente.

Em uma estrutura curricular flexível, o aluno também é responsável pela construção de seu currículo, dado seu grau de liberdade. É essa nova atribuição que aumenta o papel dos alunos como sujeitos no processo de ensino-aprendizagem e certamente aponta para uma atitude de compromisso com a atualização profissional, conforme é desejado. Esses são os objetivos mais importantes a serem cobertos por uma matriz curricular flexível e interdisciplinar.

Desse modo, a busca é por uma estrutura curricular com um núcleo obrigatório comum, baseado nas áreas tradicionais da engenharia e com forte enfoque em ciências básicas consolidadas com trabalhos e pesquisas em laboratórios e nas práticas de problemas reais, complementadas por um conjunto de disciplinas optativas e de livre escolha que cubra várias áreas de concentração, inclusive aquelas de caráter humanista. São muito importantes os conteúdos discriminados no Quadro 11.2.

Quadro 11.2 Diretrizes, competências e habilidades.

diretrizes	competências – habilidades
1. Formação técnica	Mecânica, automação, elétrica e ciências aplicadas
2. Formação multidisciplinar	Relacionamento interpessoal
3. Manufatura aditiva 4. Treinamentos específicos	*Design* e prototipação Simulação, modelagem e prototipação e *design thinking*
5. Planejamento e integração de processo	Planejamento – gerenciamento – otimização e integração dos processos
6. Planejamento e processos de fabricação e projeto de produto	Competências técnicas e habilidades em metrologia dimensional
7. Técnicas de programação e algoritmos	Digitalização dos meios de produção, sequência de automação dos processos
8. Gestão de ativos	Lidar com processos de manutenção preventiva, preditiva, corretiva e TPM
9. Ensino baseado na resolução de problemas	Entender problemas complexos a partir das ferramentas de integração e comunicação
10.Trabalhar técnicas de psicomotrocidade e criatividade	Metodologia criativa e colaborativa

1. Formação técnica: conhecimento técnico em mecânica, automação e elétrica, seguidos do desenvolvimento de competências multidisciplinares embasados em uma formação sólida nos fundamentos das ciências aplicadas, como matemática, física, química e biologia, que permita ao profissional o desenvolvimento de habilidades de abstração e *design*.

A atenção deve estar voltada para o fato de que nas fábricas da Indústria 4.0, as fronteiras entre as diversas disciplinas de um curso de graduação em engenharia, de tecnologia ou de um curso técnico desaparecem e a informática passa a ter interações com as disciplinas de materiais de construção, máquinas operatrizes, eletrônica e eletrotécnica, exigindo que os profissionais se concentrem nas interfaces entre *hardware* e tecnologia da informação.

2. Formação multidisciplinar e habilidades de relacionamento interpessoal:

Para trabalhar na Indústria 4.0, os profissionais terão de desenvolver um perfil multidisciplinar. As indústrias continuarão precisando de profissionais com formação técnica específica, no entanto, não basta somente uma formação técnica sólida pois eles terão de lidar cada vez mais com profissionais de diferentes áreas.

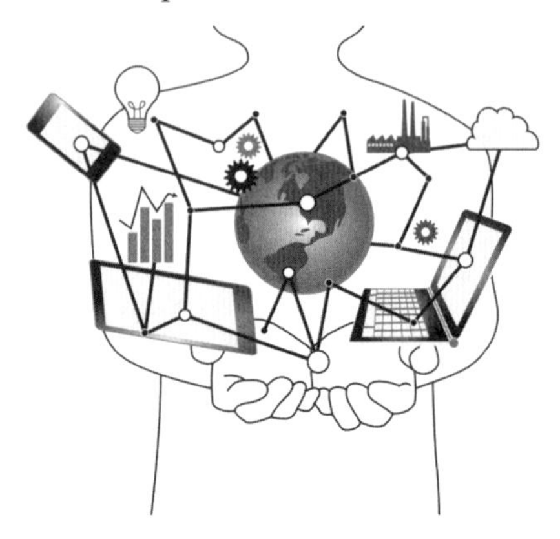

Figura 11.9 Perfil multidisciplinar.

Essa competência será cada vez mais valorizada porque, com processos mais eficientes, os funcionários poderão pensar em novas formas de gerar riqueza. Um engenheiro que antes só cuidava de projetos para novos processos e equipamentos deverá pensar em adaptações no *design* dos produtos que diminuam o tempo de fabricação.

3. Manufatura aditiva: trabalhar habilidades para *design* e prototipação. Buscar o desenvolvimento de uma ferramenta de engenharia e modelamento CAD 3-D que vem sendo utilizada em diversas etapas de desenvolvimento de produto, bem como na concepção e *design*, manufatura e simulações, conhecidos como sistema CAD/CAM.

4. Realizar treinamentos específicos para os fundamentos da simulação, modelagem e prototipação e aplicar técnicas de *design thinking*: com *softwares* específicos para testes de simulação em protótipos virtuais, tornado-se apto para expandir seus conhecimentos para novos ambientes e participar dos projetos da empresa com ideias inovadoras.

5. Planejamento e integração de processos: trabalhar a capacitação em programas que contribuam com o planejamento, gerenciamento e otimização e integração dos processos e que realizem o projeto, os testes de novas ideias em um ambiente de produção simulado e que permita a comunicação integrada das informações.

Agir como um formulador de processos, isto é, não focar somente os processos de fabricação, mas também o gerencial.

6. Planejamento e processos de fabricação e projeto de produtos: os dados geométricos tridimensionais de produtos e instalações são necessários em todas as fases do ciclo de vida dos produtos; em princípio tais dados são importantes para a configuração, planejamento da produção e garantia de qualidade dos produtos.

7. Técnicas de programação e algoritmos: a sequência de automação dos processos deve estar suportada na digitalização dos meios de produção de tal modo que os parâmetros dos produtos possam ser interpretados por cálculos e simulações. Assim, os modelos digitais iniciais modificam-se para serem transformados em protótipos e produtos acabados para o mercado, pois as tolerâncias de fabricação ou características de utilização são alteradas a partir do modelo inicial.

8. Gestão de ativos: Os equipamentos na Indústria 4.0 são programados para obedecer e enviar ordens e trocar informações por meio de um *software*, logo conseguem emitir informações sobre seu próprio ciclo de vida, isto é, as máquinas e os equipamentos emitirão sinais de alerta sobre um problema de manutenção antes que este problema se manifeste e interrompa a produção. Logo, o profissional deve estar apto a lidar com os processos de manutenção, preditiva, preventiva e corretiva, bem como enxergar a TPM. Os controles devem ser a partir de sistemas móveis, exigindo dos operadores atualização dos conhecimentos de acordo com as novas tendências tecnológicas e funcionalidades do local de trabalho.

9. Ensino baseado na resolução de problemas: quebrar o paradigma da resolução de problemas com condições de contorno bem definidos e buscar o entendimento de problemas complexos utilizando ferramentas de integração e comunicação das informações. Os problemas devem ser resolvidos levando em consideração a empatia com o usuário final do produto ou serviço e não somente com o cliente, embora muitas vezes este seja o destinatário final do produto ou serviço.

Ter um comportamento de pesquisador e buscar experiências práticas que sejam capazes de aprimorar as técnicas do profissional e prepará-lo para uma nova realidade mercadológica.

Portanto, o PBL não é meramente uma técnica para resolver problemas, mas uma metodologia que considera o conhecimento construído na busca da solução por meio do desenvolvimento de habilidades e atitudes desenvolvidas relevantes para os processos. Assim, é uma oportunidade alcançar objetivos educacionais mais amplos e para a vida profissional futura.

10. Trabalhar técnicas de psicomotricidade e de criatividade: adotar soluções criativas por meio de metodologias colaborativas e validar os conceitos com as soluções de prototipação. O profissional deve estar apto a perceber as tendências que envolvem sua área de atuação e sempre estar atento para tomar decisões rápidas.

Dez profissões que vão sumir

REFERÊNCIAS

CHEN, G.; ZHANG, J. Study on training system and continuous improving mechanism for mechanical engineering. *The Open Mechanical Engineering Journal*, Hangzhou, v. 9, p. 7-14, 2015.

CNI - CONFEDERAÇÃO NACIONAL DA INDÚSTRIA. *Desafios para a indústria 4.0 no Brasil*. Brasília, DF, 2016.

GARBIE, I. H. Incorporating sustainability/sustainable development concepts in teaching industrial systems design courses. *Procedia Manufacturing*, Stellenbosch, v. 8, p. 417-423, 2017.

VORONINA, M. V.; MOROZ, O. N. A. Substantiation of foresight research of development strategy of descriptive geometry, engineering geometry and computer graphics departments on the basis of industrial 4.0 ideology. *Man In India*, New Delhi, v. 97, n. 3, p. 375-389, 2017.

WEF - WORLD ECONOMIC FORUM. *The future of jobs*: employment, skills and workforce strategy for the Fourth Industrial Revolution. Cologny: Geneva, 2016. (Global Challenge Insight Report). Disponível em: <http://www3.weforum.org/docs/WEF_Future_of_Jobs.pdf>. Acesso em: 7 jun. 2018.

CAPÍTULO 12
DESAFIOS E PERSPECTIVAS DA INDÚSTRIA BRASILEIRA RUMO À QUARTA REVOLUÇÃO INDUSTRIAL

Celso Affonso Couto

Oduvaldo Vendrametto

12.1 REFLEXÃO SOBRE MUDANÇAS, INCERTEZAS E EXPECTATIVAS

Figura 12.1 Reflexão, mudanças, incertezas, expectativas e desafios.

No contexto atual, a velocidade das mudanças, as expectativas, os benefícios tecnológicos e o paradoxo da possível substituição massiva da mão de obra humana por máquinas e robôs associado ao fantasma do desemprego, trazem novas perspectivas e também incertezas e desafios para a sociedade. Os sinais nessa direção são muito visíveis (ABDI, 2016).

Há menos de vinte anos, em 1998, a Kodak, modelo mundial de empresa, tinha 170 mil funcionários e vendia 85% de todo papel fotográfico comercializado no mundo. Em poucos anos, o modelo de negócio dela desapareceu e a empresa praticamente faliu. O que aconteceu com a Kodak está acontecendo com muitas empresas e deve aumentar nos próximos anos. Em 1998, era inimaginável que três anos depois as fotos seriam digitais e não mais registradas em filme e papel. É difícil compreender que empresas centenárias, respeitadas por suas características inovadoras, pudessem ser surpreendidas e quebradas em períodos tão rápidos (GOLLUB, 2016).

Parece que estamos revivendo a Revolução Industrial do século XVIII, em que, a partir da máquina a vapor, os paradigmas da produção foram alterados de forma avassaladora e trouxeram a reboque toda a sociedade. A escola surgiu de forma regular, as cidades se reprojetaram para abrigar contingentes de moradores do campo que vinham se empregar nas fábricas. Foi necessário criar moradias, serviços de abastecimento de água, esgotos, vias para deslocamento mais eficientes. A restrição da mobilidade de pessoas e cargas devido a distância ou ao peso foi reduzida por meio de trem e navios a vapor. A produção discreta passou a ser continua. As pessoas passaram a dispor de produtos que facilitavam o trabalho e o conforto. A organização social evoluiu para classes de trabalhadores e capitalistas.

Agora, quase trezentos anos após a Revolução Industrial, um balanço histórico do acervo nos levaria a citação de inúmeros sucessos e fracassos. A conquista da Lua, a fissão atômica e a intervenção no DNA estão entre algumas conquistas que orgulham a humanidade. Há também duas guerras mundiais que exibiram matanças e causaram sofrimentos extremos ao ser humano, poluição do ar, da água e contaminação dos alimentos e expuseram a vida na Terra a uma profunda incerteza.

Se a evolução científica, material e a capacidade de convertê-los em tecnologias são inquestionáveis, o mesmo não se pode afirmar quanto aos valores. Ao se falar de desenvolvimento, é inconcebível grandeza e riqueza que vive a sociedade moderna, que ainda exista no mundo quase um bilhão de pessoas que vivem com renda igual ou inferior a um dólar por dia (KOTLER, 2015). Explicitando melhor, como afirma Philip Kotler (2015), dos sete bilhões de habitantes da Terra, cinco bilhões são pobres ou extremamente pobres. Eles passam fome, não frequentam escolas, não têm acesso a assistência à saúde e, por isso, ficam frequentemente passíveis a doenças.

Os três séculos que nos elevaram aos estágios atuais não induziram maior grau de humanismo, ética e respeito ao ser humano e aos valores que representam a natureza e seu equilíbrio. Prosperaram a ganância, o egoísmo e a desigualdade.

As primeiras visões dessa nova era são aterradores pela amostra que indica ser desempregadora e concentradora de renda.

Seguramente, nenhuma sociedade pode ser florescente e feliz se a grande maioria de seus membros for pobre e miserável (SMITH, 2006).

12.1.1 A SOPA DE MUITOS INGREDIENTES

A acentuada e rápida evolução da Tecnologia de Informação e Comunicação (TIC) criou um dialeto próprio de intervenção em praticamente todo tipo de atividade humana: "Wi-Fi", internet das coisas, *software* livre, impressora 3-D, Ensino a Distância (EAD), *Massive Open Online Courses* (MOOKs), drones, agricultura de precisão, manufatura 4.0 (ou produção 4.0), saúde 4.0, alimento 4.0, sociedade 4.0 etc. Os "*moodies*" (estado de humor), aplicativos que já são capazes de dizer em que estado de humor você está, ou saber se você está mentindo pelas suas expressões faciais. Imaginem um debate político. As moedas virtuais podem se tornar dominante nos próximos anos e poderam até mesmo tornar-se moeda padrão.

Parece que estamos no limiar de uma época em que a descoberta científica escancarou os fenômenos físicos, químicos e biológicos da natureza, liberando-os para arranjos tecnológicos sem fronteiras. O conhecimento especialista de uma área limitado à capacidade da instrumentação disponível, de repente recebe o impulso de outra área que a amplia, empurrando o antigo horizonte para frente. O nano (1 nm = 10^{-9} m) de unidade de medida de grandezas atômicas converteu-se num extenso campo de pesquisa com inúmeras aplicações. A nanotecnologia está revolucionando o setor agrícola com intervenções no DNA de plantas, introduzindo características próprias do ambiente em que serão plantadas. Os transgênicos já são realidades dos dias de hoje. A medicina avança cada vez mais, com pesquisas para melhorar as condições de vida dos seres humanos. Enfim, a era em marcha dos produtos tecnológicos modificam costumes, comportamentos e novas aplicações. Em situações-limite as vantagens do novo levam à morte o produto velho. E com ele também a empresa, o emprego e o próprio conhecimento tornam-se superados.

12.1.2 PREOCUPAÇÕES DA SOCIEDADE ORGANIZADA

A dinâmica social é muito mais rápida e ágil que os tratados acadêmicos buscam explicar e orientar. As evidências de uma revolução em marcha em termos da produção de bens, serviços e informação, da relação entre trabalho e capital, da concentração de riqueza são incontestáveis. O governo alemão preocupado com essas evidências criou um grupo para estudar e avaliar as consequências, muitas já presentes, desse futuro que parece certo quanto ao avanço tecnológico, mas imprevisível para a sociedade organizada (ANDREAS; LIÈVRE, 2016). A intervenção de sistemas de informação e controle, ampliada pela internet das coisas, deu à manufatura além da automação e do controle a distância, graus de autonomia e decisão. O veículo automotivo não necessita de motorista. A propriedade de bens deixa de ser importante e passa a ser compartilhada como serviço. A impressora 3-D altera profundamente a relação de cliente e fornecedor e destrói todo um conjunto centenário de gestão de matéria-prima, estoque, logística, enfim, da cadeia de fornecimento. Nesse cenário convulsivo de alterações e a busca de adaptações ou uso das novidades tecnológicas que mudam esse cenário à semelhança de um caleidoscópico, surgem iniciativas criativas que, se analisadas mais profundamente, rompem até com ideologias políticas tradicionais. Uma dessas são os *Massive Open Online Courses* (MOOKs), um novo modelo de negócio que possibilita o aprendizado e facilita a aquisição do conhecimento a milhões de pessoas e são oferecidos a custo praticamente zero. A Universidade de São Paulo (USP), oferece 240 cursos sobre diversos assuntos pela internet, gratuitamente. Caso o participante deseje obter um certificado, ele deverá pagar uma taxa simbólica.

O governo alemão deu à rede que estuda esse que poderá ser o "admirável mundo novo", inicialmente, o nome de manufatura 4.0 (CAPGEMINI, 2014). Entretanto, o assunto despertou tanto interesse que hoje tornou-se corriqueiro chamar 4.0 todos os assuntos que tem em si a internet das coisas, a automação (seja ela qual for), os problemas sociais decorrentes desse cenário, principalmente pela desqualificação profissional e o alto grau de desemprego previsto.

Por tudo isso, apresentaremos um conjunto de acontecimentos que se caracterizam com as ondulações que a Revolução 4.0 já está provocando ou que se prevê que provocará.

12.1.3 SOFTWARES

E quanto aos novos *softwares* que estão revolucionando a maioria das atividades nos próximos anos? A Uber, empresa modelo de negócios que utiliza uma ferramenta de *software*, não é proprietária de carros e é, atualmente, a maior companhia de táxis do mundo. A Airbnb é a maior companhia hoteleira do mundo, embora não seja proprietária de hotéis.

Quando falamos sobre "inteligência artificial" observamos que os computadores estão se tornando exponencialmente melhores no entendimento do mundo. Há pouco tempo, um computador derrotou o melhor jogador de Go[1] do mundo.

Nos Estados Unidos, advogados jovens já encontram dificuldades em conseguir emprego. Com o Watson, da IBM, que é uma plataforma de serviços cognitivos (algo cognitivo é algo que tem a capacidade de aprender) para negócios, cuja cognição consiste no processo que a mente humana utiliza para adquirir conhecimento a partir de informações recebidas, pode fornecer um aconselhamento jurídico dentro de segundos, com até 90% de exatidão se comparado aos 70% de exatidão quando feito por humanos (IBM, 2017). O Watson já está ajudando a diagnosticar câncer com quatro vezes mais exatidão do que os humanos (IBM, 2017).

Na "educação": os *smartphones* mais baratos já estão custando dez dólares na África e na Ásia. Até 2025, 70% da população mundial terá *smartphones*, o que significa que essa porcentagem da população terá o mesmo acesso a educação de classe mundial (GOLLUB, 2016).

Quanto aos "veículos autônomos", em 2018, os primeiros veículos dirigidos automaticamente estarão disponíveis no mercado. Estima-se que por volta de 2020, a

1. Jogo chinês de tabuleiro, no qual é necessário utilizar muita estratégia.

indústria automobilística começará a ser demolida. Você não desejará mais ter um automóvel. Nossos filhos não necessitarão de uma carteira de habilitação ou serão donos de um carro. Isso mudará as cidades, pois necessitaremos de 90% menos de carros. Poder-se-á transformar áreas de estacionamento em parques. Por volta de 1,2 milhão de pessoas morrem a cada ano em acidentes automobilísticos em todo o mundo. Porém, com "veículos autodirigíveis" esse valor cairá e salvará mais de um milhão de vidas por ano. Companhias de seguros terão problemas enormes porque, sem acidentes, o seguro se tornará cem vezes mais barato. O modelo atual de negócios de seguros de automóveis desaparecerá.

12.1.4 IMÓVEIS

Os "negócios imobiliários" mudarão, pelo fato de as pessoas poderem trabalhar enquanto se deslocam. As pessoas mudarão para mais longe para viver em uma vizinhança mais agradável. Nas cidades, serviços como o da Uber disponibilizarão o serviço de deslocamento. As pessoas não precisarão mais ter automóvel, não havendo mais, portanto a necessidade de garagens.

12.1.5 ENERGIA

Os carros elétricos dominarão o mercado até 2025 e as cidades serão bem menos ruidosas.

A eletricidade se tornará mais barata e limpa: a utilização da energia solar está crescendo exponencialmente, já estamos sentindo o impacto.

Nos últimos anos já foram montadas mais instalações solares que a quantidade de fósseis existentes na Terra. O preço da energia solar vai cair de tal forma que a maioria das mineradoras de carvão encerrará suas atividades até 2025. Com a eletricidade barata, teremos um maior volume de água a preços menores.

12.1.6 A ÁGUA E A CRISE

A dessalinização agora consome apenas dois quilowatts a hora por metro cúbico. A escassez de água potável reduzirá. Novas e mais baratas fontes de energia deverão permitir a obtenção de água para consumo em abundância.

12.1.7 A SAÚDE SERÁ MAIS BEM ASSISTIDA

Na área da saúde, o preço do aparelho Tricorder X será anunciado em breve. Teremos empresas que irão construir um aparelho médico (chamado Tricorde na série *Star Trek*) que trabalhará com o aparelho de telefone, fazendo o escaneamento da retina, teste de amostra de sangue e análise da respiração. Analisará 54 biomarcadores que identificarão, praticamente, qualquer doença. Em poucos anos as pessoas poderão ter acesso à medicina padrão a um custo menor.

12.1.8 A PRODUÇÃO SERÁ LOCAL

A impressora 3-D: o preço da impressora 3-D mais barata caiu de dezoito mil dólares para quatrocentos dólares em dez anos. Nesse mesmo intervalo, tornou-se cem vezes mais rápida. Grande parte das fábricas de sapatos começou a imprimir sapatos em 3-D. Peças de reposição para aviões já são impressas em 3-D em aeroportos remotos. As próprias estações espaciais têm agora uma impressora 3-D que elimina a necessidade de estoque de peças de reposição. Os novos smartphones já tem capacidade de escanear em 3-D; você poderá escanear seus pés e imprimir sapatos.

Sobre as oportunidades de negócios, se você pensa em um nicho de mercado no qual gostaria de entrar, pergunte a si mesmo: "será que teremos isso no futuro?", e se a resposta for sim, como você poderá fazer isso acontecer mais cedo? Se não for com o seu celular, esqueça a ideia.

12.1.9 TRABALHO E EMPREGO

O "trabalho": segundo o Instituto de Ciências do Trabalho da Alemanha (IFAA, 2016), estudos indicam que entre 70% e 80% dos empregos hoje existentes desaparecerão nos próximos 20 anos. Com os avanços da tecnologia, algumas profissões se tornarão obsoletas e muita gente perderá o emprego. Por outro lado, muitas outras profissões deverão surgir, novas ocupações decorrentes da necessidade da sociedade, como:

***Hacker* genético**: O *hacker* é aquele que consegue fazer alterações em um sistema por meio de conhecimentos profundos sobre seu funcionamento. Voltado para o universo da biologia, o *hacker* genético será o profissional responsável por melhorias em níveis celulares, microbiológicos, que já fazem parte do agronegócio, por exemplo, desde o advento dos transgênicos. Esse profissional também terá atuação na medicina, no esporte e por todas as atividades em que se busca a melhoria do desempenho humano.

Especialista em gestão de resíduos: esse profissional será muito demandado devido a enorme quantidade de resíduos produzida e despejada de maneira imprópria no meio ambiente. O lixo não poderá somente ser tratado como contenção higiênica, a gestão de resíduos vai demandar tecnologia de ponta, tanto para assegurar a qualidade de vida no planeta, como para a exploração de materiais alternativos da reciclagem.

Consultor de genoma: a função desse profissional em genética "arquiteto de bebês" será oferecer possibilidades de prevenção de doenças e até mudanças físicas em seres humanos que ainda não nasceram. Essa atividade poderá ser tão comum quanto a do pediatra nos dias de hoje.

Policial virtual: as leis foram pensadas para um mundo *offline*. Com o uso da internet, será possível criar novos instrumentos para combater novas formas de violência. O "policial digital" será preparado para investigar furtos, fraudes, formação de quadrilhas, tráfico de drogas e armas, entre outros, em diversas escalas, ou seja: crimes que acontecem por meio de dados, *softwares*, algoritmos etc.

Consultor de longevidade: especialista em técnicas, projetos e serviços para tornar a terceira idade mais saudável, devido as gerações do futuro viverem mais, sem perder saúde, performance, autoestima e vontade de viver. O "consultor de longevidade" será um facilitador de atividades, programas específicos, excursões etc., sobretudo para pessoas com mais de 70 anos.

Consultor de aprimoramento pessoal: os serviços de aprimoramento pessoal, como: *coaches*, mentores e especialistas em *mindfulness* (estado mental de controle sobre a capacidade de se concentrar nas experiências, atividades e sensações do presente) serão ainda mais demandados e contarão com a ajuda de disciplinas como nanotecnologia, neurociência, cibernética, ciência dos dados etc., pois a ideia de que é preciso evoluir e se superar será determinante para o futuro da humanidade.

Especialista em simplicidade: devido ao enorme volume de informações, atividades, tarefas e compromissos que tomam conta de nossas vidas, a sociedade será cada vez mais receptiva a profissionais que saibam simplificar processos, serviços, discursos e produtos. No futuro, mais empresas devem investir em conceitos de simplicidade para atender seus *stakeholders*.

Curador de sustentabilidade: há uma enorme necessidade de desenvolvimento tecnológico para previsões sobre efeitos climáticos de furacões, secas persistentes e inundações. Essa inteligência será crucial para meteorologistas, geólogos, químicos, biólogos e ambientalistas estudarem os fenômenos naturais quase em tempo real.

A inovação e o desenvolvimento tecnológico proporcionarão novos empregos. Porém, não está claro se haverá empregos suficientes.

12.1.10 AGRICULTURA E AGRONEGÓCIO

Nessa área, já até existe um robô agricultor, que custa cem dólares. Agricultores de países subdesenvolvidos poderão tornar-se gerentes das suas terras, em vez de trabalhar nelas todos os dias. *Drones* estão sendo utilizados para monitorar e diagnosticar as necessidades das lavouras, controlar pragas, além de melhorar a qualidade de vida dos trabalhadores rurais. Aeropônicos necessitarão de menos água no futuro. A aeroponia é uma técnica de cultivo que consiste essencialmente em manter as plantas suspensas no ar, geralmente apoiadas pelo colo das raízes, e aspergindo-as com uma névoa ou gotículas de solução nutritiva (SILVA FILHO, 2015).

Apesar das inúmeras oportunidades de trabalho que deverão surgir, a ideia de que elas serão insuficientes e haverá cada vez mais desempregados está cada vez mais visível. Assim como ganha espaço a hipótese de emprego sem trabalho. Ou seja, a necessidade de que o trabalhador receba por emprego, e não pelo trabalho, uma remuneração que lhe permita a sobrevivência, como forma de aliviar tensões sociais.

Atualmente, cerca de 30% de todas as superfícies agricultáveis são ocupadas por gado. A primeira vitela produzida *in vitro* já está disponível e será mais barata que a vitela natural animal. Além disso, há muitas iniciativas de consumir proteína de insetos, por fornecem mais proteína que a carne.

E no Brasil, como será essa evolução?

12.2 A MATURIDADE INDUSTRIAL BRASILEIRA

Figura 12.2 Os desafios da maturidade para o Brasil.

A indústria mundial enfrenta novos paradigmas e passa por um longo processo de aprimoramento. Presente a um universo cada vez mais tecnológico, integrado e conectado, é de se esperar que o desenvolvimento de novas tecnologias passe também pelo ambiente da produção para que tenhamos processos cada vez mais rápidos e confiáveis (BREZINSK; VENÂNCIO, 2017). As novas tecnologias oferecem a interoperacionalidade dentro da indústria, porém, o processo de modernização na indústria brasileira pode ser muito lento e confuso.

O relatório *Who will be the regional winners and losers* (WEF, 2016), lançado no Fórum Econômico Mundial em Davos, faz uma previsão de quais serão os países que melhor aproveitarão o desenvolvimento da manufatura avançada (Indústria 4.0). Os requisitos considerados foram: flexibilidade das leis trabalhistas, habilidades para atividades de alto nível, educação voltada a inovação e tecnologia, infraestrutura adequada, proteção legal e impactos gerais. Dentre os 45 países analisados, a Suíça vem em primeiro lugar, seguida de Singapura. Os Estados Unidos ocupam a quarta posição, seguidos pelo Reino Unido. O Japão se encontra em 12º lugar e a Alemanha em 13º. O país sul-americano melhor situado é o Chile, em 26º lugar, atrás da Coreia do Sul, em 25º. A China vem na 28ª posição. A Colômbia ocupa a 40ª posição, o México, a 42ª, e, surpreendentemente, o Brasil é o 43º colocado, antepenúltimo do *ranking*, na frente apenas do Peru e da Argentina.

Segundo a Fiesp (2015), para que o Brasil possa ser competitivo frente ao mercado internacional, é necessário um avanço tecnológico na atual conjuntura tecnológico-industrial brasileira, dada a baixa competitividade do nosso setor industrial, frente à competição internacional.

Conforme o relatório da Feira Internacional de Máquinas e Equipamentos (FEIMEC, 2016), em 2016, a idade média de uso das máquinas no Brasil é de 17 anos, contra apenas 7 ou 8 anos nos países desenvolvidos. Além disso, países desenvolvidos como Japão e Suécia já estão na Indústria 3.0 há anos, enquanto a indústria brasileira luta com dificuldade nos mais variados níveis, para ter acesso às novas tecnologias.

É fundamental e de grande importância a disseminação do conhecimento da tecnologia de ponta para que a indústria brasileira continue competitiva (FIESP, 2015). Além disso, faz-se necessário políticas públicas que mantenham o direcionamento à modernização do parque industrial brasileiro, linhas de crédito adequadas, melhoria da infraestrutura e, educação adequada para poder dar suporte à toda transformação necessária, dentre outros.

12.3 A DESINDUSTRIALIZAÇÃO NO BRASIL

Figura 12.3 Desindustrialização precoce no Brasil.

O fenômeno da desindustrialização não diz respeito somente à redução da produção, mas à substituição do trabalhador por máquinas e automação. Os sistemas automatizados trazem ganhos de produtividade e qualidade que implicam na mudança da relação entre empregador e empregado (CANO, 2012).

Podemos dizer que o primeiro passo para a industrialização no Brasil, que abriria o caminho para a política de substituição de importações, deu-se com a inauguração da Companhia Siderúrgica Nacional (CSN), em 1948, de forma tardia, praticamente duzentos anos após a Primeira Revolução Industrial. Isso trouxe para o Brasil desvantagens profundas quando o setor de transformação era o mais importante na economia mundial (OREIRO; FEIJÓ, 2010).

A fabricação de produtos para facilitar as necessidades do homem, e de máquinas e equipamentos para produção de bens de consumo, dava aos países pioneiros aprendizado e conhecimentos, com rápidos desenvolvimentos às melhorias de produção, qualidade, novos produtos e novos mercados. O fluxo de matérias-primas, produtos e pessoas advindas da utilização da máquina a vapor nos trens e navios e, posteriormente, com os motores para os automóveis e caminhões criou um desequilíbrio entre os países industrializados e não industrializados, em termos de qualidade de vida, riquezas e bem-estar. Já nessa época, os países não industrializados tornaram-se reféns dos conhecimentos, tecnologias, dos capitais e da boa vontade dos países industrializados. Com o passar dos anos, tornou-se impossível alcançar os estágios tecnológicos, de administração e organização e muito menos poder competir com os países industrializados (MANDU; RODRIGUES, 2014).

Porém, alguns países asiáticos, por meio de seus planejamentos de médio e longo prazo em educação e capacitação endógena para criar, desenvolver e negociar, atendendo todas as exigências da cadeia produtiva de determinados setores, conseguiram se tornar competitivos (COSTA NETO et al., 2007).

Segundo Vendrametto (2007), a Coreia do Sul é um exemplo de superação, pois, logo após a Segunda Guerra Mundial (1939-1945) e a Guerra da Coreia (1950-1953), suas condições econômicas e sociais eram precárias, mas o país conseguiu enxergar que o caminho para promover o desenvolvimento estava na aprendizagem tecnológica. Percebeu que a única alternativa era ter uma indústria forte, que possibilitasse transformar matérias-primas em produtos competitivos para serem exportados. Com sua política industrial de valorizar e motivar grandes conglomerados nacionais, ampliando as igualdades de renda, tornando-se um país de melhor distribuição de renda do mundo (DA SILVA et al., 2015).

No entanto, o Brasil, ao contrário da Coreia do Sul, além de não ter conseguido melhorar a distribuição de renda, aumentou seu crescimento populacional. No Brasil, no início da década de 1950, a decisão política de promover o desenvolvimento baseado na formação cooperada de capacidades e financiamentos externos não conseguiu atingir o sucesso da política adotada pelos países asiáticos, permanecendo com um parque industrial exógeno tecnologicamente defasado e sem capital humano preparado para o enfrentamento altamente competitivo de mercado (LACERDA, 2018).

No Brasil, as empresas estrangeiras se apoderaram das matrizes produtivas, influenciando os setores econômicos, sociais e políticos (ROCHA; VENDRAMETTO,

2016). Desde as primeiras instalações fabris estrangeiras até o momento, os países industrializados mantêm seus conhecimentos e tecnologias e se apóiam em subsídios do governo brasileiro para investirem no Brasil (TORRES; CAVALIERE, 2015). O "Programa Inovar-Auto" é um dos exemplos que financia os projetos das multinacionais estrangeiras sem agregar o necessário para o conhecimento, desenvolvimento, transferência de tecnologias, desenvolvimento de pessoal às indústrias sediadas no Brasil (PALMERI, 2017).

12.4 A IMPORTÂNCIA DA POLÍTICA INDUSTRIAL NACIONAL NO CONTEXTO DAS MUDANÇAS PARA A PRÓXIMA REVOLUÇÃO INDUSTRIAL

Figura 12.4 A corrida contra o tempo a favor da tecnologia.

A incapacidade de vislumbrar soluções para a retomada do crescimento, priorizando somente políticas macroeconômicas de estabilização, vem demonstrando fragilidade das alternativas de crescimento econômico no Brasil (LACERDA, 2018).

A industrialização baseada na heterogeneidade (Brasil) ou na seletividade (Coreia do Sul), tornou-se um condicionante interno de desenvolvimento econômico nacional, impondo restrições ou impulsionando o emparelhamento tecnológico desses países. Isso demonstra que a adoção de estratégias desenvolvimentistas, com base em política industrial ativa (em que o Estado aposta em setores estratégicos), ainda que em um mesmo momento histórico, tem diferentes resultados em economias cujas trajetórias são distintas (VENDRAMETTO, 2007).

O caso brasileiro e o sul-coreano são exemplos de que o desenvolvimentismo tem sido compatível com a articulação entre as instituições capitalistas fundamentais (Estado, mercados e empresas). Deve-se ressaltar, no entanto, que existem diferenças na forma de intervencionismo, que podem conduzir ou não a economia nacional a uma trajetória de crescimento de longo prazo, na busca do desenvolvimento econômico, e que a natureza das empresas, bem como a forma como estas atuam a partir do contexto nacional, tem um papel de destaque nesse processo.

É nesse sentido que a institucionalidade da política industrial ativa, ou seja, o reconhecimento legal da política industrial ativa depende da forma como os agentes microeconômicos (setores) aderem ao processo de desenvolvimento econômico nacional. Por si só, a existência de instituições capitalistas não determina que o entrelaçamento institucional existente entre elas funcione de forma a promover a busca do desenvolvimento econômico. A falta de articulação entre o plano macro e as estratégias setoriais é um sintoma de economias em que a política industrial não surge necessariamente os efeitos esperados, por maiores que sejam os esforços empreendidos na sua formulação e execução (VENDRAMETTO, 2007).

Mesmo não havendo consenso sobre como deveria ser a política industrial no Brasil, não há dúvidas acerca da sua função de protagonista no desenvolvimento econômico nacional. Ou seja, trata-se de uma instituição desenvolvimentista que deve ser adaptada às idiossincrasias nacionais, cada vez mais em consonância com o cenário nacional, dado que as economias estão abertas.

No caso brasileiro, a política industrial, enquanto instituição, foi abandonada, mas a sua retomada é fundamental, dado o estágio de desenvolvimento econômico nacional e apesar das dificuldades de torná-la novamente uma instituição desenvolvimentista. Segundo Kutney (2017), um exemplo malsucedido foi a Lei do Bem criada pelo Ministério da Ciência, Tecnologia e Inovação (MCTI) para as empresas automobilísticas que permitia a dedução fiscal dos gastos com Pesquisa e Desenvolvimento (P&D). Outro exemplo recente disso, já citado neste capítulo, é o Projeto Inovar Auto, criado pelo governo federal em 2012, com o objetivo de aumentar a competitividade, tecnologia e segurança dos veículos produzidos e vendidos pela indústria automotiva brasileira, motivando a indústria a internalizar a tecnologia internacional, diminuindo o hiato existente com o Brasil. Até o momento, esse projeto não mostrou resultados positivos para a indústria brasileira (PALMERI, 2017).

É oportuno enfatizar que o Programa Indústria 4.0 (Quarta Revolução Industrial) foi um programa proposto pelo governo alemão junto às indústrias alemãs para torná-las mais competitivas.

12.5 A ENGENHARIA DE PRODUÇÃO NO BRASIL *VERSUS* A PRÓXIMA REVOLUÇÃO INDUSTRIAL

Desde os primórdios da 1ª Revolução Industrial, a organização da indústria vem evoluindo na procura de níveis cada vez maiores de produtividade, qualidade e rentabilidade. Dessa maneira, técnicas e métodos foram criados para operacionalização dos sistemas de produção, que, gradativamente, foram adicionando novos elementos e novas formas de atuar no mundo industrial. Essa caminhada começou com o foco no processo de fabricação, pois inicialmente, a principal preocupação era descobrir novos meios de produzir bens e serviços.

Figura 12.5 A corrida pelo conhecimento.

Segundo Sacomano (2007), o Brasil, nas suas primeiras tentativas de melhorar o processo decisório do Planejamento e Controle da Produção, colheu muito mais fracassos do que sucessos, durante os anos 1990. A cultura organizacional e a cultura técnica local não eram suficientes para sobrepor-se às culturas impostas pelas matrizes das multinacionais. Por outro lado, a universidade, de maneira geral, não se relacionava com as empresas e vice-versa, pois ambas viviam os valores de seus universos particulares.

O desenvolvimento da engenharia de produção no Brasil ao longo do século XX, ocorreu com as necessidades de desenvolvimento de métodos e técnicas de gestão de meios de produção exigidas pela evolução tecnológica e mercadológica (ABEPRO, 2017).

Na concepção do American Institute of Industrial Engineers, utilizada pela Associação Brasileira de Engenharia de Produção (Abepro), compete à Engenharia de Produção o projeto, a melhoria e a implantação de sistemas integrados envolvendo seres humanos, materiais e equipamentos, cabendo especificar, prever os resultados obtidos nestes sistemas, recorrendo a conhecimentos especializados de matemática, física e ciências sociais, conjuntamente com os princípios e métodos de análise e projeto de engenharia. Portanto, além da habilidade e capacitação técnica, a Engenharia de Produção também desempenha funções gerenciais e de liderança administrativa em todos os níveis da organização. É sem dúvida a menos tecnológica das engenharias na medida em que é mais abrangente e genérica, englobando um conjunto maior de conhecimentos e habilidades.

No Brasil, a primeira instituição de ensino a oferecer o curso de Engenharia de Produção foi a Escola Politécnica da Universidade de São Paulo (EPUSP), em 1957, sob a coordenação do professor Ruy Aguiar da Silva Leme. Uma década depois, a Faculdade de Engenharia Industrial (FEI) de São Bernardo do Campo inaugurou o mesmo curso. Em 1979, foi criada, na Universidade Federal de São Carlos (UFSCar), com os cursos de graduação em Engenharia de Produção, Engenharia Civil, Engenharia Mecânica e Engenharia Elétrica. Nessa instituição, o programa de doutorado em Engenharia de Produção passou a ser oferecido em 1989.

Diferentemente das ciências de administração de empresas, que têm foco na questão da gestão de processos administrativos, processos de negócios e na organização estrutural da empresa, a engenharia de produção foca na gestão dos processos produtivos.

Em 2017, o site do Instituto Nacional de Estudos e Pesquisas Educacionais Anísio Teixeira (Inep) informou que existiam 364 cursos de graduação de Engenharia de Produção no Brasil.

A Associação Brasileira de Engenharia de Produção (Abepro) estabelece as seguintes áreas da engenharia de produção: engenharia de operações e processos da produção, logística, pesquisa operacional, engenharia de qualidade, engenharia de produtos, engenharia organizacional, engenharia econômica, engenharia do trabalho, engenharia da sustentabilidade e educação em engenharia de produção.

Apesar da multidisciplinaridade da engenharia de produção no Brasil, pode ser que ela ainda não seja suficiente para atender aos desafios e necessidades de uma nova revolução industrial, no caso, comparando-se com a iniciativa criada pelo governo alemão, conhecida como Indústria 4.0 (Industrie 4.0).

A limitação em habilitar engenheiros apenas para reproduzir processos e produtos, a ausência de centros de desenvolvimento tecnológicos suficientes, associados a uma discutível qualidade de ensino em todos os níveis, tornam-se barreiras intransponíveis para o aprendizado e desenvolvimento tecnológico (AEA, 2013). A falta de alinhamento entre o Estado, as empresas e as universidades contribui significativamente para o atraso do conhecimento tecnológico necessário para o Brasil.

12.6 A EMPRESA DIGITAL NA PRÓXIMA REVOLUÇÃO INDUSTRIAL

Figura 12.6 Sistemas de informação para a realização dos negócios.

Segundo Antti e Helkio (2015), durante os anos 1990 e 2000, houve uma grande mudança no papel da Tecnologia da Informação (TI) nas organizações. Antes restrita ao suporte administrativo, a TI se transformou num elemento incorporado às atividades-fim das organizações, integrando-se aos produtos e serviços das empresas, tornando-se, por vezes, o próprio negócio (como no caso das lojas virtuais na internet, onde consumidores podem comprar serviços e produtos).

Segundo Suarez et al. (2016), a rapidez da movimentação da área de TI nas empresas com utilizações de sistemas de informações adquiridos de terceiros, como: os sistemas *enterprise resource planning* (ERP), *suplly chain management* (SCM), *customer relationship management* (CRM), o desenvolvimento de sistemas que permitem análises e a tomada de decisão a partir dos dados gerados nesses sistemas, os *data warehouses* (DW), os sistemas de *business intelligence* (BI), e outros, mostram que a TI tornou-se uma área estratégica proporcionando grandes vantagens competitivas para as organizações.

Daí surge o conceito de empresa digital que é justamente a total utilização dos sistemas de informação para a realização dos negócios. A empresa digital seria aquela onde "praticamente" todos os processos de negócio e relacionamento com parceiros, clientes, funcionários são realizados por meios digitais. Porém, para que vários sistemas possam estar realmente integrados, evitando-se incompatibilidades na comunicação entre eles, são necessários muitas vezes *softwares* que estabeleçam a integração entre estes aplicativos. Esse tipo de *software* recebeu a denominação de *enterprise application integration* (EAI) (BRETTEL et al., 2014).

12.7 A PRÓXIMA REVOLUÇÃO INDUSTRIAL: A INDÚSTRIA 4.0

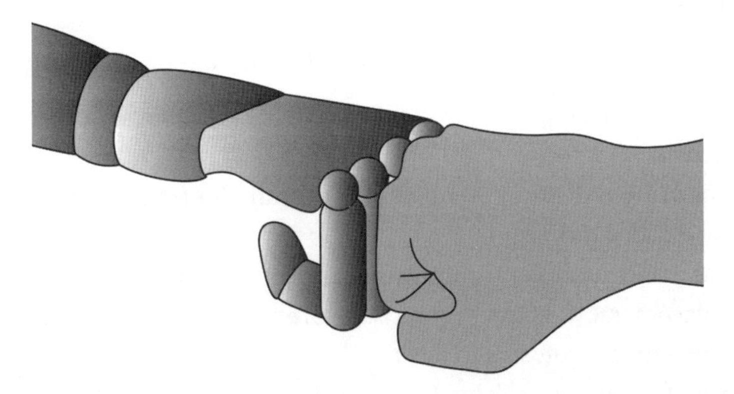

Figura 12.7 Interação, sinergia e comunicação entre o ser humano- máquinas e máquinas - máquinas.

A globalização dos mercados, com o aparecimento de novas demandas, com clientes que se tornaram mais exigentes, vem ocasionando um desafio para as organizações (indústrias e prestadores de serviços) com referência à personalização de produtos, preços competitivos e serviços mais eficientes (BRETTEL et al., 2014).

A acirrada concorrência entre as organizações põe em foco a necessidade de estratégias globais para serem mais competitivas e rentáveis (PORTER; HEPPELMANN,

2014). Nesse contexto, o governo alemão, em conjunto com as indústrias alemãs, está trabalhando num programa conhecido como Industrie 4.0 (Indústria 4.0), que tem por objetivo interconectar o maior número de áreas que compõem o processo produtivo por intermédio de redes inteligentes (ANDERL, 2014). Esse programa é um grande desafio para as indústrias alemãs realizarem uma Quarta Revolução Industrial, em que os processos produtivos se interagem e se governam entre si, com o objetivo de solucionar problemas de produção, tornando-a mais eficaz e possibilitando uma maior vantagem competitiva. Segundo Anderl (2015): as causas tecnológicas da próxima Revolução Industrial 4.0 são:

- fusão de tecnologias físicas, digitais e biológicas;
- bilhões de pessoas conectadas por dispositivos móveis;
- novas tecnologias: inteligência artificial, robótica, internet das coisas, internet de serviços, veículos autônomos, impressão em 3D, nanotecnologia, biotecnologia, ciência de materiais, armazenamento de energia e computação quântica.

Existem alguns questionamentos em relação à Revolução Industrial 4.0:

- A revolução irá gerar maior desigualdade social?
- No futuro, o talento, mais que o capital, representará o fator crítico de produção?
- O mercado de trabalho será cada vez mais segregado em segmentos de "baixa qualificação/baixo salário e alta qualificação/alta remuneração"?
- Haverá aumento de tensões sociais?
- A desigualdade social representa a maior preocupação social associada à Revolução Industrial 4.0?

Segundo Kagermann et al. (2013), a Quarta Revolução Industrial virá para atender:

- novas tecnologias que criam maneiras inteiramente novas de atender as necessidades existentes;
- novos padrões de comportamento do consumidor (cada vez mais baseados no acesso a redes e dados móveis);
- novas maneiras de consumir bens e serviços no processo;
- adaptações que as empresas precisam fazer da forma como concebem, comercializam e fornecem produtos e serviços;
- novas formas de colaboração, particularmente a velocidade com que a inovação e a interrupção da mesma estão ocorrendo.

Quarta Revolução Industrial - Indústria 4.0

Os debates sobre a Industrie 4.0 estão ganhando uma magnitude global. Embora o assunto tenha se iniciado em 2011, já em 2013, o Google registrou 1.350 artigos sobre o tema. Na base de dados Scopus, utilizando-se as palavras-chave deste tema, pode-se observar que a quantidade de publicações relacionadas ao tema aumentou, entre os anos 2014 e 2016, cerca de 250%, levando-se em consideração somente as áreas relacionadas à engenharia. Isso mostra a importância do tema, tanto para fins acadêmicos, como também, e principalmente, para as indústrias e prestadores de serviços. São apontadas nesse contexto tecnologias inovadoras e preços atrativos como vantagens competitivas.

Alguns autores descrevem que o "Programa Industrie 4.0" fará com que as empresas estabeleçam redes globais, que incorporem suas máquinas, equipamentos, sistemas de armazenagem e instalações de produção na forma de Sistemas Ciber físicos (MOSTERMAN; ZANDER, 2015). Segundo Schmidt et al. (2015), espera-se melhorias na gestão das organizações, pois cada sistema será independente, capaz de entender suas características e se comunicar com outros sistemas, trocando informações. Isso permitirá respostas autônomas dos sistemas de produção e facilitará as tomadas de decisão.

O "Programa Industrie 4.0" também trará novas formas de criação de valor e novos modelos de negócios.

12.8 O QUE FAZER EM RELAÇÃO AOS DESAFIOS FUTUROS NA TRANSPOSIÇÃO À INDÚSTRIA 4.0 NO BRASIL?

Figura 12.8 Qual o caminho a ser seguido?

Infelizmente, os relatórios estudados até o momento trazem uma informação preocupante. O Brasil parece estar entre os piores países para o desenvolvimento da Quarta Revolução Industrial (WEF, 2016). Isso significa que, se o país quiser continuar competitivo frente à produção internacional, precisará de um guia de evolução tecnológica.

De maneira geral, com base na literatura pesquisada, o brasileiro não está preparado para desenvolver tecnologia, pois o conjunto de requisitos fundamentais que se inicia pela escolaridade de qualidade e motivação para formação de engenheiros, como vem fazendo há anos o governo alemão, não é prioritário dos responsáveis pela educação no Brasil. Esforços isolados, não conseguem alavancar e diminuir o hiato em educação e tecnologia existente entre o Brasil e os países desenvolvidos.

Ainda, as políticas industriais brasileiras não priorizaram o aprendizado tecnológico, como fizeram o Japão e a Coreia do Sul. A limitação em formar técnicos para reproduzir produtos, a escassez de centros de desenvolvimento tecnológicos e a falta de políticas industriais transformou o Brasil em base para reprodução de produtos mundial, apenas com projetos e tecnologias estrangeiras.

Indústria 4.0

A indústria brasileira parece introduzir vagarosamente o conceito de Indústria 4.0 em suas linhas de produção. Algumas *startups* estão fazendo trabalhos isolados em automação, medições, digitalização etc., porém bem aquém das necessidades e da velocidade com que os países desenvolvidos estão comprometidos com a Indústria 4.0.

Observa-se, também, já há algumas décadas, a falta de sensibilidade, interesse e coragem dos produtores de máquinas e equipamentos no Brasil em investir em tecnologia para se alcançar níveis melhores de produtividade, qualidade e rentabilidade. Eles continuam a culpar a macroeconomia, colocando como responsável a taxa cambial (US$/R$, Euro/R$), acreditando que a solução seria o dólar estar a R$ 4,50, em vez de acreditar que o sucesso desse setor é a produção de máquinas e equipamentos mais modernos, produtivos e mais eficazes que substituam o atual parque fabril com máquinas e equipamentos com idade média de 17 anos (FEIMEC, 2016).

A sensação vista na realidade das indústrias brasileiras é que elas ainda se encontram na Indústria 2.5 e que precisam investir significativamente em tecnologia e desenvolvimento de pessoal para atingirem primeiramente os níveis da Indústria 3.0, para a partir de então, evoluir para a Indústria 3.1, 3.2, e assim por diante, até, em algum momento, poder chegar à Indústria 4.0.

Segundo Hermann et al. (2017), mundialmente falando, as indústrias ainda apresentam dificuldades na padronização do conceito de Indústria 4.0. Apesar da base tecnológica estar bem definida, o conceito ainda precisa evoluir em suas aplicações nos níveis mais gerenciais para que a implementação seja mais assertiva.

REFERÊNCIAS

ABDI – AGÊNCIA BRASILEIRA DE DESENVOLVIMENTO INDUSTRIAL. Brasília, DF, 2016. Disponível em: <http://www.abdi.com.br>. Acesso em: 12 out. 2017.

ABEPRO – ASSOCIAÇÃO BRASILEIRA DE ENGENHARIA DE PRODUÇÃO. Rio de Janeiro. Disponível em: <htpps:/abepro.org.br/>. Acesso em: 15 ago. 2017.

ACATECH POSITION PAPER. Cyber-phisical systems. Driving force for Innovation in mobility, health, energy and production. Acatech-National Academy of Science and Engineering, 2011.

______. Recommendation for implementing the stategy initiative Industrie 4.0. Acatech-National Academy of Science and Engineering, 2013.

AEA – ASSOCIAÇÃO BRASILEIRA DE ENGENHARIA AUTOMOTIVA. *Competitividade*: recursos humanos para o setor automotivo. São Paulo: 2013.

ANDERL, R. Industrie 4.0: advanced engineering of smart products and smart production. In: INTERNATIONAL SEMINAR ON HIGH TECHNOLOGY, 19., Piracicaba, 2014.

______. Industrie 4.0 fundamental, scenarios for application and strategies for implementation. In: DIÁLOGO BRASIL-ALEMANHA DE CIÊNCIA, PESQUISA E INOVAÇÃO, 4., São Paulo, 2015.

ANDREAS, S., LIÉVRE, P. *Illusion 4.0*: Deutschlands naiver Traum von der smarten Fabrik. Herrieden: Institut an der Hochschule Ansbach, 2016.

ANTTI, T.; HELKIO, P. Performance effects of using ERP system for manufacturing planning and control under dynamic market requirements. *Journal of Operations Management*, v. 36, 2015, p. 147-164.

BRETTEL, M. et al. How virtualization, decentralization and network building change the manufacturing landscape: an Industry 4.0 perspective. *International Journal of Mechanical, Aerospace, Industrial and Mechatronics Engineering*, v. 8, n. 1, p. 37-44, 2014.

BREZINSKI, G. L.; VENÂNCIO, A. L. A. C. Sistema de avaliação de maturidade industrial baseando-se nos conceitos de indústria 4.0. 2017. 110 f. Trabalho de Conclusão de Curso (Graduação em Engenharia de Controle e Automação) – Universidade Tecnológica Federal do Paraná, Curitiba, 2017.

CANO, W. A. *A desindustrialização no Brasil*. Campinas: Unicamp, 2012.

CAPGEMINI CONSULTING. *Industry 4.0*: the Capgemini Consulting view. Capgemini, 2014. Disponível em: <www.capgeminiconsulting.com>. Acesso em: 22 jul. 2017.

COSTA NETO, P. L. de O. et al. *Qualidade e competência nas decisões*. São Paulo: Blucher, 2007.

DA SILVA, F. C. T. et al. *Enciclopédia de Guerras e Revoluções 1945-2014*: a época da Guerra Fria (1945-1991) e da Nova Ordem Mundial. São Paulo: Campus, 2015. v. III.

FEIMEC – FEIRA INTERNACIONAL DE MÁQUINAS E EQUIPAMENTOS. *Manufatura avançada*: tudo que você precisa saber sobre a 4ª Revolução Industrial e os desafios a serem enfrentados para sua implementação no Brasil São Paulo: A Voz da Indústria, 2016. Disponível em: <https://d335luupugsy2.cloudfront.net/cms%2Ffiles%2F15712%2F1473448665Ebook_ManufaturaAvancada_AVozDaIndustria.pdf>. Acesso em: 7 jun. 2018.

FIESP – FEDERAÇÃO DAS INDÚSTRIAS DO ESTADO DE SÃO PAULO. *Perda de participação da indústria de transformação no PIB*. São Paulo, 2015.

GOLLUB, U. *Quarta Revolução Industrial*. Conferência da Universidade da Singularidade. Berlim: Messe, 2016. Disponível em: <http://celsovicenzi.com.

br/2016/08/quarta-revolucao-industrial-por-udo-gollubvia-redes-sociais/>. Acesso em: 19 ago. 2017.

HERMANN, M.; PENTEK, T.; OTTO, B. *Design principles for Industrie 4.0 scenarios*: a literature review. Disponível em: <http://www.snom.mb.tu-dortmund.de>. Acesso em: 19 ago. 2017.

IBM – INTERNATIONAL BUSINESS MACHINES. *O poder do conhecimento, o poder da tecnologia, o seu poder*. Disponível em: <www.ibm.com>. Acesso em: 28 out. 2017.

IFAA – INSTITUT FÜR ANGEWANDTE ARBEITSWISSENSCHAFT. *Arbeitsorganisatorische Ansatz und Umsetzung in der deutschen Metall: und Elektro-Industrie*. Industrietage 2016, Augsburg, 16 Nov. 2016. Disponível em: <https://www.springerprofessional.de/industrie-4-0-umsetzung-in-der-deutschen-metall-und-elektroindus/10818626>. Acesso em: 21 ago. 2017.

KAGERMANN, H.; WAHLSTER, W.; HELBIG, J. *Recommendations for implementing the strategic initiative Industrie 4.0*. München: Acatech, 2013. p. 13-78.

KOTLER, P. *Capitalismo em confronto*. Rio de Janeiro: Best Business, 2015.

KUTNEY, P. MCTI barra montadoras na Lei do Bem: fabricantes terão de explicar projetos de P&D para obter isenção fiscal. *AutomativeBusiness*, São Paulo, 31 mar. 2014. Disponível em: <http://www.automotivebusiness.com.br/noticia/19326>. Acesso em: 28 set. 2017.

LACERDA, A. C. de Brasil não alcançará 4ª revolução industrial sem estabelecer um projeto de país. *Jornal GGN*, 21 maio 2018. Disponível em: <https://jornalggn.com.br/tag/blogs/correa-de-lacerda >. Acesso em: 16 jun. 2018.

MANDU, A. A.; RODRIGUES, W. Desindustrialização no Brasil: o efeito da taxa de câmbio sobre a indústria brasileira no período entre 2000 e 2012. *RAU*, São Paulo, v. 4, n. 5, 2014.

MOSTERMAN, P. J.; ZANDER, J. *Industry 4.0 as a cyber-physical system study*. Berlin: Springer-Verlag, 2015.

OREIRO, J. L.; FEIJÓ, C. A. Desindustrialização: conceituação, causas, efeitos e o caso brasileiro. *Revista de Economia Política*, v. 30, n. 2, p. 219-232, abr./jun. 2010.

PALMERI, N. L. *O impacto do programa Inovar-Auto na indústria automotiva brasileira*. 2017. Tese (Doutorado em Engenharia de Produção) – Universidade Paulista, São Paulo, 2017.

PORTER, M.; HEPPELMANN, J. How smart, connected products are transforming competition. *Harvard Business Review*, v. 92, v. 11, p. 65-68, 2014.

ROCHA, A.; VENDRAMETTO, O. *Seleção de indicadores de eficiência da competitividade industrial brasileira*. São Paulo: Blucher, 2016.

SACOMANO, J. B. *Qualidade e competência nas decisões*. São Paulo: Blucher, 2007. p. 245-262.

SCHMIDT, R. et al. *Industry 4.0*: potentials for creating smart product: empirical research results. Springer International Publishing Switzerland, 2015. p. 16-27.

SILVA FILHO, J. B. *Desenvolvimento e otimização de sistema aeropônico para a produção de minitubérculos de bata-semente*. 2015. Tese (Doutorado) – Universidade Federal de Viçosa, Viçosa, 2017.

SMITH, A. *A riqueza das nações*. Tradução de Maria Teresa Lemos de Lima. Curitiba: Juruá, 2006. Livro 1.

SUAREZ, E. et al. The role of strategic planning in excellence management systems. *European Journal of Operational Research*, v. 248, n. 2, p. 532-542, Jan. 2016.

TORRES, R. L.; CAVALIERE, H. Uma crítica aos indicadores usuais de desindustrialização no Brasil. *Revista de Economia Política*, São Paulo, v. 35, n. 4, out.-dez. 2015.

VENDRAMETTO, O. *Qualidade e competência nas decisões*. São Paulo: Blucher, 2007.

WEF. *The global competitiveness report 2016-2017*. Geneva: World Economic Forum, 2016.

WOMACK, J. P.; JONES, D. T. *A máquina que mudou o mundo*. Rio de Janeiro: Campus, 1992.

CAPÍTULO 13
CONCLUSÃO

Este livro é fruto do esforço de um grupo de pesquisadores da Universidade Paulista (Unip) que se reuniram para constituir o Laboratório da Indústria 4.0 (Lab. 4.0), ligado ao Núcleo de Inovação Tecnológica (NIT), da Coordenadoria de Pesquisa da universidade.

O objetivo principal do livro foi cumprido, ou seja, ser um texto que contemple os elementos básicos que compõem esse novo paradigma tecnológico da indústria e de serviços, até mesmo subsídios para reflexões acerca de mudanças sociais, perspectivas futuras, meio ambiente e outras consequências que formatarão uma nova sociedade baseada em extraordinários avanços tecnológicos na produção de bens e serviços.

Assim, contribui para compreender o assunto do ponto de vista dos elementos básicos que compõem a estrutura da Indústria 4.0 e permite que, a partir disso, o leitor possa refletir, pesquisar e contribuir com outros elementos que compõem econômica e socialmente essa nova forma de produção.

A construção do texto a várias mãos produziu no tempo contradições e consensos que permitiram aos autores buscar uma compreensão mais clara dessa mudança paradigmática, tanto do ponto de vista tecnológico como do econômico e social.

Como em toda mudança de paradigma na estratégia de produção de bens e serviços, é lícito refletir sob que cenário ela se deu. O extraordinário avanço tecnológico baseado em TI permitiu, em um determinado momento, a reunião e o compartilhamento que causaram certo espanto na sociedade, e até em pesquisadores das mais distintas áreas.

E não há como deter esse avanço tecnológico. Ele está praticamente em todas as áreas do conhecimento científico e tecnológico. Vai desde o carro autônomo, passando pela nanotecnologia, pela computação quântica, pelos medicamentos de última geração, pelas comunicações etc., o que tem mudado práticas e procedimentos no cotidiano de toda a sociedade.

O que se espera é que esta leitura possa contribuir para o esforço brasileiro na busca de conhecimento e aplicação dessas novas tecnologias e sua compreensão de como elas podem contribuir para um melhor desempenho socioeconômico em prol de toda a sociedade.

Os resultados obtidos para o grupo de autores foram além do texto contido neste livro: a dinâmica de discussões sobre as várias facetas da Indústria 4.0 trouxe, para cada um e para todos, a compreensão ampliada sobre os vários eixos da evolução tecnológica e permitiu o crescimento individual com o exercício democrático de troca de ideias. Esse resultado, invisível para o leitor, é uma grande conquista do grupo que gostaríamos de deixar registrada aqui.

GRÁFICA PAYM
Tel. [11] 4392-3344
paym@graficapaym.com.br